有源电扫阵列基础与应用

Active Electronically Scanned Arrays:
Fundamentals and Applications

[英] 阿里克·D. 布朗（Arik D. Brown） 著

金世超 刘敦歌 杨钰茜 等译

梅辰钰 审校

国防工业出版社

·北京·

著作权合同登记　图字:01-2023-5030号

图书在版编目(CIP)数据

有源电扫阵列基础与应用/(英)阿里克·D.布朗(Arik D. Brown)著;金世超等译. --北京:国防工业出版社,2024.11. -- ISBN 978-7-118-13157-4

Ⅰ.TN82

中国国家版本馆CIP数据核字第2024K8F177号

Active Electronically Scanned Arrays: Fundamentals and Applications (9781119749059/1119749050) by Arik D. Brown

Copyright © 2022 by The Institute of Electrical and Electronics Engineers, Inc.

All Rights Reserved. Authorised translation from the English language edition published by John Wiley & Sons Limited.

Responsibility for the accuracy of the translation rests solely with National Defense Industry Press and is not the responsibility of John Wiley & Sons Limited.

No part of this book may be reproduced in any form without the written permission of the original copyright holder, John Wiley & Sons Limited.

Copies of this book sold without a Wiley sticker on the cover are unauthorized and illegal.

本书简体中文版由John Wiley & Sons, Inc.授权国防工业出版社独家出版。

版权所有,侵权必究。

※

国防工业出版社出版发行

(北京市海淀区紫竹院南路23号　邮政编码100048)
北京虎彩文化传播有限公司印刷
新华书店经售

*

开本710×1000　1/16　插页8　印张13¼　字数234千字
2024年11月第1版第1次印刷　印数1—1500册　定价130.00元

(本书如有印装错误,我社负责调换)

国防书店:(010)88540777　　书店传真:(010)88540776
发行业务:(010)88540717　　发行传真:(010)88540762

译者序

近些年，一方面受益于第五代移动通信技术(5G)、卫星互联网、汽车雷达等市场的应用需求，另一方面受益于低成本多功能芯片、批量化集成和高效测试等新技术的进展，相控阵应用发展迅速，越来越受到大家的重视，越来越多的设计人员、研发团队和研制厂家加入了相控阵研究队伍。

本书原著作者 Arik D. Brown 作为有源电扫阵列(AESA)系统架构师，从事 AESA 研究工作 20 多年，对相控阵系统具有深刻的理解，不仅理论基础扎实，还具有丰富的工程经验。本书内容涵盖了基本理论、主要组成和系统架构，将理论概念与案例分析相结合，深入浅出，实用性强。

金世超组织开展本书的翻译工作。其中，金世超负责第 1、2、7 章的翻译工作，以及第 1、2、3 章的审校工作，并负责全书的统稿工作；刘敦歌负责第 5 章的翻译工作，以及第 4、5 章和附录的审校工作；费春娇和刘立朋分别负责第 3 章和第 4 章的翻译工作；杨钰茜负责第 6 章的翻译工作，以及第 6、7 章的审校工作；梅辰钰负责附录部分的翻译工作，并组织书稿审校工作。

中国空间技术研究院的尤睿研究员和电子科技大学的程钰间教授对本书进行了仔细审阅，提出的修改建议在本书中均被采纳。国防工业出版社编辑为本书的出版付出了辛勤努力并对翻译工作给予了具体指导。在此，对所有为本书出版提供帮助的同仁表示诚挚的感谢！

本书对原著中个别错误和疏漏之处做了更正，由于译者水平所限，书中难免存在不妥之处，敬请读者和关注本书的同仁不吝指正。

译者

2023 年 6 月

于天地一体化信息技术国家重点实验室

前　言

对于那些不熟悉的人来说,有源电扫阵列(AESA)该技术可能看起来复杂且令人费解。但是,AESA 的工作机理以及关键性能指标源自天线系统基本原理。本书旨在帮助 AESA 初学者(无论是学生、研究人员还是一线工程师)理解 AESA 为什么是关键技术、AESA 主要由哪些子系统组成、AESA 的性能由哪些关键参量决定,以及各种常用的 AESA 拓扑架构。

AESA 与下变频器、上变频器、激励源以及(或)接收机协同工作,能够提供优异的系统能力。我从事 AESA 工作 20 多年,已经习惯将包含相控阵前端和后端电子系统在内的整个系统看作 AESA。但实际上,AESA 由前端阵列天线单元以及负责信号调理、放大和波束控制的电路组成。我和我的一位同事(John Welch)针对 AESA 的定义有过友好的分歧,现在他若知悉我已经赞同他的定义方式,相信他会很高兴。这一问题与本书有关,因为本书章节就是按此方式组织编写的。

第 1 章追溯到 20 世纪 60 年代,介绍了 AESA 的发展史;讨论并阐述了机械扫描阵列(MSA)、无源电扫阵列(PESA)和有源电扫阵列(AESA)的区别;总结了 AESA 各种应用优势;在任何真实的系统中,最终用户关心的是如何完成任务,而不是系统如何使用 AESA 技术;最后,总结了 AESA 的系统框图作为本书通篇的参考。第 2 章~第 5 章内容涵盖了 AESA 理论和主要组成,包括阵列天线单元、收发组件(TRM)和波束成形器。第 2 章从理论上描述了 AESA 波束如何进行电扫描以及如何对 AESA 性能建模。关于使用 Matlab 代码对 AESA 进行建模的案例细节可以进一步参考文献(Brown,2012)。第 3 章重点讨论了天线阵列的基本概念,如阵元间距、栅瓣、有源阻抗和扫描增益损失。第 4 章讨论了收发组件(TRM),TRM 用于提供信号调制(如 RF 滤波)、放大、相位延迟及(或)时间延迟控制。第 5 章重点研究了波束成形器。事实上,波束成形器也称射频流形。这章将说明信号如何从激励源输出分路,以及如何从阵列单元接收信号并合路到一起形成波束。

最后两章是关于 AESA 常用的级联性能和系统架构。第 6 章描述了如何计算 AESA 级联参数,如信号和噪声增益、噪声系数和输入截取点。任何 AESA 使用这些基本知识都能表征级联响应特性。此外，利用级联截取点和噪声系数定义了 AESA 无杂散动态范围（SFDR）的表达式。第 7 章提供了各种 AESA 拓扑的扫描方向图，涵盖了移相器架构 AESA、真时延架构 AESA、子阵架构 AESA 和阵元级数字波束成形架构 AESA；最后，结合几种方向图实例对自适应波束成形进行了总结。

我已从事各种系统研究工作 20 多年，工作内容涵盖雷达、电子战、通信和信号情报（SIGINT）等方面。我逐渐发现，无论应用需求是什么，基本原理始终是"基本原理"，我希望本书能够帮助不熟悉 AESA 技术的读者了解这些基本原理；同时，也希望本书对那些正在从事 AESA 研究工作的学者具有实用价值，帮助忙碌的他们快速理清平日无暇研究或调研的知识。作为一名系统架构师，我一直从系统层面考虑需求，并由此分解出 AESA 更细化的设计要求，本书也介绍了一些这方面的内容。

Arik D. Brown

2021 年 3 月

于美国马里兰州

缩略语

ABF	adaptive beamforming	自适应波束成形
AESA	active electronically scanned array	有源电扫阵列
AoA	angle of arrival	到达角
APS	active protection systems	主动保护系统
AUT	antenna under test	被测天线
AR	axial ratio	轴比
BIT	built-in test	内测试
CCW	counter clock wise	逆时针
CPI	configured processing interval	配置处理间隔
C-RAM	counter rockets artillery and mortars	反火炮和迫击炮
C-UAS	counter unmanned aerial systems	反无人机系统
CW	clock wise	顺时针
dB	decibels	分贝
DBF	digital beamforming	数字波束成形
eCHR	enhanced compact hemispheric radar	增强型紧凑半球雷达
EA	electronic attack	电子攻击
ECM	electronic countermeasures	电子对抗
EDBF	elemental digital beamforming	阵元级数字波束成形
ERP	effective radiated power	有效辐射功率
ESM	electronic support measures	电子支援措施
EW	electronic warfare	电子战
FOV	field of view	视场
GaAs	gallium arsenide	砷化镓
GaN	gallium nitride	氮化镓

HPA	high power amplifier	高功率放大器
ieMHR	improved and enhanced multi-mission hemispheric radar	改进增强型多任务半球雷达
IBW	instantaneous bandwidth	瞬时带宽
IP_2	second-order intercept point	二阶截取点
IP_3	third-order intercept point	三阶截取点
LHCP	left-hand circular polarization	左旋圆极化
LHEP	left-hand elliptical polarization	左旋椭圆极化
LNA	low noise amplifier	低噪声放大器
MSA	mechanically scanned array	机械扫描阵列
MTBF	mean time between failures	平均无故障时间
PAE	power added efficiency	功率附加效率
PESA	passive electronically scanned array	无源电扫阵列
RADAR	radio detection and ranging	雷达
RHCP	right-hand circular polarization	右旋圆极化
RHEP	right-hand elliptical polarization	右旋椭圆极化
RP	receiver protector	接收保护器件
RRE	radar range equation	雷达距离方程
SA	subarray	子阵
SAR	synthetic aperture radar	合成孔径雷达
SFDR	spurious free dynamic range	无杂散动态范围
SHORAD	short-range air defense	短程防空
SIGINT	signal intelligence	信号情报
SL	side lobe	副瓣
SLL	side lobe level	副瓣电平
SNR	signal-to-noise ratio	信噪比
SWaP	size weight and power	尺寸、重量和功耗
TOI	third-order intercept	三阶交调
TR	transmit receive	发射接收
TRM	transmit receive module	收发组件
TL	taper loss	锥削损耗

目 录

第1章 有源电扫阵列概述 ································· 1
1.1 引言 ·· 1
1.2 AESA 历史 ··· 1
1.3 AESA 应用 ··· 3
    1.3.1 雷达 ··· 3
    1.3.2 电子战 ·· 6
    1.3.3 通信 ··· 7
    1.3.4 信号情报 ··· 8
1.4 AESA 参考知识 ··· 8
1.5 主要组成 ··· 11
    1.5.1 天线阵元 ··· 11
    1.5.2 收发组件 ··· 11
    1.5.3 波束成形器 ·· 12
1.6 级联性能和架构选择 ···································· 12
参考文献 ·· 12

第2章 有源电扫阵列理论 ································· 14
2.1 引言 ·· 14
2.2 一维阵列方向图表达式的推导 ······················· 15
    2.2.1 无扫描时的方向图表达式 ······················ 15
    2.2.2 扫描时的方向图表达式 ························· 16
2.3 AESA 基础知识 ·· 17
    2.3.1 波束宽度 ··· 17
    2.3.2 瞬时带宽 ··· 19
    2.3.3 栅瓣 ··· 20
    2.3.4 误差效应 ··· 21

2.3.5 量化效应 …… 22
2.3.6 幅度相位随机误差效应 …… 24
2.4 一维方向图综合 …… 25
2.4.1 幅度分布影响分析 …… 27
2.4.2 频率影响分析 …… 29
2.4.3 扫描角度影响分析 …… 30
2.5 共形阵列 …… 30
2.5.1 线阵方向图 …… 30
2.5.2 共形阵列方向图 …… 32
2.5.3 示例 …… 32
2.6 二维阵列方向图表达式的推导 …… 33
2.6.1 AESA 空间坐标系 …… 35
2.6.2 天线坐标系 …… 35
2.6.3 雷达坐标系 …… 37
2.6.4 天线锥角坐标系 …… 37
2.6.5 正弦空间表征 …… 39
2.6.6 AESA 阵元栅格 …… 40
2.6.7 二维 AESA 方向图综合 …… 45
2.7 圆形栅格 AESA 方向图 …… 49
2.8 倾斜 AESA 方向图 …… 52
2.9 阵列增益 …… 55
参考文献 …… 55

第 3 章 阵列天线单元 …… 57
3.1 引言 …… 57
3.2 带宽 …… 59
3.3 极化 …… 61
3.3.1 电磁极化基本原理 …… 62
3.3.2 极化类型 …… 63
3.3.3 极化状态 …… 66
3.3.4 阵列极化 …… 68
3.3.5 关键要求 …… 69
3.4 阵列栅格布局 …… 69
3.5 失配与欧姆损耗 …… 71
3.6 有源匹配 …… 73

3.7 扫描增益损失 ·· 75
参考文献 ··· 77

第4章 收发组件 ·· 79
  4.1 引言 ··· 79
      4.1.1 收发组件基本拓扑 ·· 83
      4.1.2 收发组件拓扑类型 ·· 85
  4.2 发射工作情况 ··· 88
      4.2.1 效率和放大器类型 ·· 89
      4.2.2 P_{1dB} ··· 90
      4.2.3 线性度 ··· 91
      4.2.4 宽带工作 ··· 94
      4.2.5 输出匹配导致的热影响 ·· 98
  4.3 接收工作情况 ··· 98
  4.4 可靠性 ·· 99
      4.4.1 阵元失效概率 ·· 100
      4.4.2 平均无故障时间 ·· 102
  参考文献 ··· 104

第5章 波束成形器 ··· 105
  5.1 引言 ··· 105
      5.1.1 砖式和瓦式架构 ·· 106
      5.1.2 协作和非协作波束成形 ·· 108
  5.2 无损波束成形器 ··· 110
      5.2.1 发射 ··· 110
      5.2.2 接收 ··· 111
  5.3 波束成形器的权重 ··· 113
  5.4 分布式加权 ·· 115
  5.5 波束破坏 ·· 116
  5.6 单脉冲角度估计 ··· 120
      5.6.1 三通道单脉冲 AESA ·· 120
      5.6.2 双通道单脉冲 AESA ·· 124
  参考文献 ··· 126

第6章 AESA 级联性能 ··· 128
  6.1 引言 ··· 128

6.2 级联计算的基本表达式 ·· 130
6.2.1 噪声模型 ·· 130
6.2.2 级联噪声系数 ·· 132
6.3 AESA 的级联性能 ·· 134
6.3.1 AESA 的输出信号功率 ·· 135
6.3.2 AESA 的输出噪声功率 ·· 135
6.3.3 AESA 的信号/噪声增益和噪声因子 ···························· 137
6.3.4 AESA 的 n 阶截取点 ·· 139
6.3.5 AESA 的无杂散动态范围 ·· 141
参考文献 ··· 142

第 7 章 AESA 架构 ·· 143
7.1 引言 ··· 143
7.2 基础架构 ··· 143
7.3 子阵架构 ··· 145
7.4 子阵方向图推导 ··· 147
7.5 子阵波束成形 ··· 148
7.5.1 子阵移相器波束成形 ·· 149
7.5.2 子阵时延波束成形 ·· 149
7.5.3 子阵数字波束成形 ·· 153
7.6 重叠子阵架构 ··· 155
7.7 阵元级 DBF 架构 ··· 158
7.8 自适应波束成形 ··· 160
参考文献 ··· 163

附录 A 阵因子(AF)的推导 ··· 164

附录 B 瞬时带宽(IBW)的推导 ··· 166
参考文献 ··· 167

附录 C 三角栅格布局栅瓣的推导 ··· 168
参考文献 ··· 170

附录 D 截取点通用表达式的推导 ··· 171

附录 E　失效阵元对 AESA 性能的影响 …………………………………… 173

附录 F　AESA 副瓣消隐 …………………………………………………… 176
 参考文献 ……………………………………………………………… 180

附录 G　外部噪声考虑事项 ………………………………………………… 181

附录 H　AESA 重要参考公式 ……………………………………………… 184
 H.1　系统级公式 …………………………………………………… 184
  H.1.1　雷达距离方程 ………………………………………… 184
  H.1.2　信号和噪声增益 ……………………………………… 184
  H.1.3　阵列增益 ……………………………………………… 185
 H.2　AESA 理论 …………………………………………………… 185
  H.2.1　一维方向图 …………………………………………… 185
  H.2.2　二维方向图 …………………………………………… 186
  H.2.3　波束宽度 ……………………………………………… 186
  H.2.4　瞬时带宽(IBW) ……………………………………… 186
  H.2.5　栅瓣 …………………………………………………… 186
  H.2.6　AESA 误差 …………………………………………… 187
  H.2.7　坐标系变换 …………………………………………… 187
  H.2.8　正弦空间 ……………………………………………… 188
  H.2.9　横滚、俯仰和偏航公式 ……………………………… 188
  H.2.10　综合增益 ……………………………………………… 188
 H.3　阵列天线单元 ………………………………………………… 189
  H.3.1　相对带宽 ……………………………………………… 189
  H.3.2　极化 …………………………………………………… 189
  H.3.3　有源匹配 ……………………………………………… 190
  H.3.4　扫描增益损失 ………………………………………… 190
 H.4　收发组件 ……………………………………………………… 190
  H.4.1　放大器表达式 ………………………………………… 190
  H.4.2　可靠性 ………………………………………………… 190
 H.5　波束成形器 …………………………………………………… 191
  H.5.1　通用波束成形器表达式 ……………………………… 191
  H.5.2　波束损坏 ……………………………………………… 192

  H.5.3　单脉冲 AoA ……………………………………………… 192
 H.6　AESA 级联性能 …………………………………………………… 192
  H.6.1　基本表达式 ……………………………………………… 192
  H.6.2　AESA 级联表达式 ………………………………………… 193
 H.7　自适应波束成形 …………………………………………………… 194
参考文献 …………………………………………………………………… 194

第 1 章
有源电扫阵列概述

1.1 引言

在过去的30年里,有源电扫阵列(AESA)的系统功能显著增强。这种一度被认为是既新又贵的技术,现在已经在国防、通信和汽车工业等领域得到了广泛应用。AESA受益于微电子学和接收机技术的进步,能够在小尺度内高密度集成微电子电路和高速宽带接收机,满足多种天线阵列的应用场景。此外,最为关键的是AESA生产成本得到有效控制。事实上AESA在发展初期,成本过高,主要用于国防工业(特别是机载雷达),无法推广到其他应用领域。然而,现在这种情况已不复存在。例如,小型化低成本AESA已应用于汽车防撞雷达[1]。

1.2 AESA 历史

尽管AESA正在广泛应用,但许多不熟悉的人仍然认为这是一项新技术。事实上,AESA的研发可以追溯到20世纪60年代。雷达是推动其研发的主要应用场景,AESA的捷变波束和同时多波束能力对于跟踪快速移动目标具有很大优势。1960年,贝尔实验室提出用相控阵取代Nike Zeus(宙斯)雷达,如图1.1所示[2]。该雷达采用分布式相控阵设计,由多个分隔开的反射面天线组成。每个反射面天线具有独立的发射机和接收机,能够同时产生多个波束用于完成探测与跟踪。该雷达主要用于远程探测、轨迹生成、弹头与诱饵识别、拦截导弹跟踪[2]。

20世纪70年代早期,机载雷达成为AESA发展的主要推动力。AESA为保障空中优势提供了新的可能性,因为AESA的捷变波束能够进行毫秒量级的快速扫描,且没有运动部件(如机构关节),具有更高的可靠性(平均无故障工作时间(MTBF)),并能够性能优雅降级使用。这些优势掀起了研制高性能机载

图 1.1　贝尔实验室研发的宙斯多功能阵列雷达采用分布式相控阵[2]

AESA 雷达的热潮。随着时间的推移,其进一步推动了多功能 AESA 的研发,支持搜索、扫描跟踪、合成孔径雷达和精确地理定位等功能。

20 世纪 80 年代和 90 年代,AESA 应用从空中扩展到海上和陆地。微电子电路批量制造能力的提升和研发成本的降低,使 AESA 能够用于海基和陆基雷达系统的大型阵列。机载雷达对于战斗机和远程监视应用,受到尺寸、重量、功耗的限制,但海基和陆基雷达没有类似的功率和质量限制。然而,为了建造大规模 AESA 天线(如大于几十平方米),成本也不能过高。

21 世纪初,针对 Ka 频段 AESA 的研发增加。AESA 在该频段下可以利用半导体晶圆加工工艺大幅降低成本。这使 AESA 能够集成大规模($\geqslant 1000$)数量的阵元与组件,并且由于频率升高,带来了更宽的工作频带。例如,对于 X 频段,22% 的相对带宽意味着大约 2GHz 的工作带宽;而对于 Ka 频段,22% 的相对带宽意味着大约 8GHz 的工作带宽。除通信系统应用以外,在汽车行业还利用 Ka 波段频率的 AESA 来制造支持汽车防撞的雷达。

从 2010 年到现在,许多小规模公司持续增加 AESA 应用。这些公司研制的经济型 AESA 用于雷达探测,如主动保护系统(APS)、反无人机系统(C-UAS)、反火炮和迫击炮(C-RAM)及短程防空(SHORAD)。图 1.2 给出了这方面的典型案例,即由 RADA 公司建造的增强型紧凑半球雷达(eCHR)和改进增强型多任务半球雷达(ieMHR)。这些立体 AESA 雷达具有出色的性价比,采用软件定义并支持多任务操作。

目前,AESA 的应用正扩展到雷达之外的领域,如电子攻击(EA)、信号情报(SIGINT)和电子支援措施(ESM)。机载 AESA 雷达已经具备这些能力,然而这些能力相较于主要的雷达探测功能是辅助性的,AESA 系统是为上述应用专门设计的。例如,图 1.3 所示的 E-18G"咆哮者"的中频段吊舱将 AESA 用于电子攻击[3],以及 InTop 展示了 AESA 的应用如何扩展到雷达功能之外[4]。

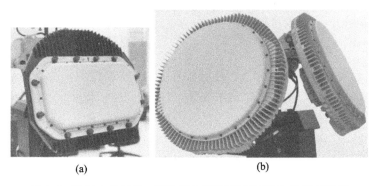

图1.2　RADA 公司的 eCHR 和 ieMHR 采用 AESA 执行多任务
(a)eCHR;(b)ieMHR。

图1.3　美国海军将 AESA 技术用于 EA-18G"咆哮者"下一代干扰机中频段吊舱
（Erik Hildebrandt 拍摄的照片）

 1.3　AESA 应用

如前所述,AESA 开发和应用的主要推动力是雷达。AESA 技术的进步,特别是在机载雷达领域,为其推广到其他应用领域奠定了技术基础。AESA 在雷达应用展示的优势和特点对其他技术领域也同样具有吸引力。下面介绍 AESA 在这些领域的应用。

1.3.1　雷达

早期雷达采用机械扫描阵列(MSA),MSA 使用机械转动机构带动反射面天线指向目标。图1.4 给出了 APG-78 雷达使用的 MSA。MSA 的优势是不存在扫描增益损失(扫描增益损失的概念将在第3章进一步解释)。然而,MSA 的空间扫描速度受到转动机构的限制。过去,采用 AESA 的雷达波束空间扫描速度大幅提高至毫秒量级到微秒量级。目前,AESA 波束扫描速度甚至可以达到纳秒量级。图 1.5 展示了 MSA 和 AESA 的波束扫描的不同之处。AESA 每个阵列天线单元(后文简称"阵元")上均连接移相器件,并设置不同相位;这使得阵列波束在任意设定扫描角度上相干叠加,称为波束扫描。电扫阵列相关理论将在第 2 章进行介绍;收发组件(TRM)将在第 4 章进行详细阐述。TRM 包含能控制波束扫描的移相器件。由于这种扫描是由电子控制完成的,其相较于 MSA 的机械波束扫描具备更快的扫描速度,通常称为波束捷变。

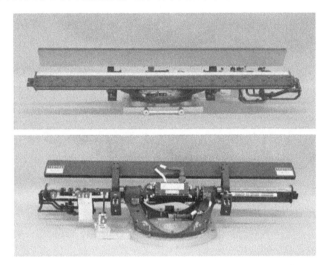

图 1.4 APG-78 早期雷达采用 MSA 的典型案例(不具备 AESA 的波束捷变)

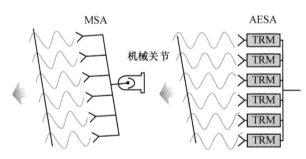

图 1.5 相比于机械扫描,AESA 电扫描空间扫描能力提升了几个数量级

雷达从 MSA 体制到 AESA 体制的转变并不是直接飞跃。图 1.6 所示的无源电扫阵列(PESA)就是一种过渡架构。在该架构中,阵列前端中唯一的电子器件是移相器;通过控制移相器对每个阵元设定移相相位。收发信号的放大由一个单独低噪声放大器(LNA)和一个单独高功率放大器(HPA)分别完成。这种架构会造成很高的传输损耗。对于雷达发射而言,HPA 之后的损耗直接降低了

发射功率,进而影响了雷达探测距离。对于雷达接收而言,LNA 输入前的损耗会衰减接收信号强度。

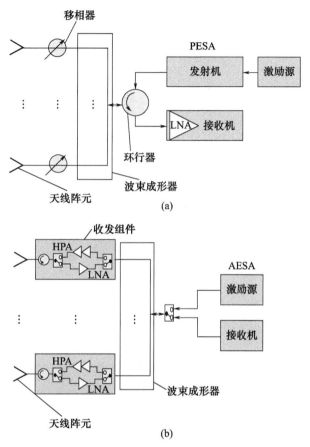

图 1.6 PESA 采用集中发射机和接收机,而 AESA 采用的
分布式架构可以提高辐射功率和接收灵敏度
(a) PESA; (b) AESA。

AESA 通过在阵列的每个阵元使用 HPA 和 LNA,或者在子阵级使用 HPA 和 LNA,克服了 PESA 的不足,极大减少了天线与射频前端之间的发射和接收传输损耗,相比 PESA 具有巨大优势。图 1.6 给出了这两种架构的对比。AESA 最初面临的挑战是如何提高 TRM 的批量制造一致性和降低成本。其中,TRM 电路包含 HPA、LNA、移相器、发射接收(TR)开关和其他电子器件。基于砷化镓(GaAs)工艺的微波器件对于 TRM 研制是一个重要的突破,使得 AESA 适用于任务应用。

在 PESA 架构图中很容易注意到,如果发射机或接收机出现故障,则整个阵列都无法工作,这就是所谓的单点故障。如果在雷达执行任务期间发生故障,用户就必须更换发射机或接收机,否则无法继续完成任务。该问题对可靠性特别是平均无故障工作时间有负面影响；而可靠性是国防应用的关键指标参数。

与 PESA 不同，AESA 大大提高了系统的 MTBF。因为如果单个 TRM 失效，则阵列仍然可以运行。事实上，即使整阵有多达 6%~10% 的阵元失效，AESA 仍然可以正常工作，这通常称为优雅降级。第 2 章将对此进行更详细的说明。图 1.7 和图 1.8 给出了展示优雅降级的两个 AESA 案例。

图 1.7 APG-81 雷达采用大规模阵列 AESA 展示出优雅降级能力

图 1.8 APG-63V2 雷达采用大规模阵列 AESA 展示出优雅降级能力

（本图由 Raytheon 公司提供）

1.3.2 电子战

机载 AESA 雷达已经具备 EA 模式和 ESM 模式很多年了。其主要工作模式通常与雷达相关（搜索/监视、跟踪、合成孔径雷达（SAR）等），而 EA/ESM 模式只是辅助模式。AESA 现在已经用于电子战（EW）单一功能，这与过去几年相比是一种范式转变。这方面的案例包括美国海军的下一代电子战干扰机和甲板综合系统两个项目[3-4]，二者都在 EW 中使用了 AESA 技术。

1.3.2.1 电子攻击

AESA 为电子攻击（EA）系统提供了几个关键优势，具体说明如下。

（1）定向高增益波束。传统的 EA 系统使用全向天线或其他低增益天线。由于天线本身的增益很低，因此这意味着有效辐射功率（ERP），即天线增益和发射功率的乘积，将主要取决于发射功率。AESA 具有高 ERP 的优势，因为其具有高天线增益和高发射功率的能力。这极大扩大了 EA 系统干扰威胁对峙范围。

（2）同时多波束。在典型的 EA 交战中，在系统视场（FOV）内存在多个威胁，对附近的飞行员构成危险。这些威胁通常位于不同的空间域，工作在不同的频率域。AESA 能够工作在子阵模式，将整阵划分为若干个子阵分别独立工作，每个子阵可以独立操控波束。此外，多个波束成形器可以集成在同一个 AESA 孔径中，不同发射波束可以工作在不同频率并共享全阵发射功率。因此，对于攻击不同空间域和频率域的威胁，AESA 是最佳选择。

(3)波束捷变。对于位于相同空间位置的多个威胁,可以通过波束频率捷变干扰;对于位于不同空间位置的多个威胁,同时进行波束频率捷变和指向捷变来干扰。后者通常称为空间对易。AESA 的捷变波束能够进行纳秒量级扫描,因此非常适用于空间对易。

(4)宽瞬时带宽(IBW)。各种威胁在不断发展,需要通过使用更大的带宽和更低功率的波形进行搜索和检测。为了应对这种情况,干扰系统必须模拟这些波形,并再生和重新发送干扰。AESA 具备支持宽 IBW 的能力,可以在这些情况下使用。

1.3.2.2 电子支援措施

AESA 为电子支援措施(ESM)提供的特性与 EA 类似,但带来的好处不同,因为 ESM 被动接收威胁信号。所以,能够同时支持 EA 和 ESM 功能的 AESA 是非常强大的。AESA 为 ESM 提供的优势如下。

(1)高增益波束。接收灵敏度对 ESM 至关重要,决定了可探测的威胁信号的最小幅度,该信号用于对威胁进行地理定位或其他目的。AESA 具有高增益波束,具有更高的接收灵敏度。

(2)同时多波束。相比传统的全向 ESM 天线,高增益天线的波束宽度更窄,意味着在给定空域内搜索的时间更长。为了解决该问题,AESA 基于多波束提供了快速搜索空域并保持高灵敏度的能力。

(3)捷变波束。与同时多波束类似,捷变波束能力使 AESA 能够对空域进行更快扫描。

(4)大瞬时带宽(IBW)。特定谱段的快速分析对 ESM 至关重要,而波束的大 IBW 将使频域扫描速度更快。AESA 可通过真时延设计实现大 IBW(将在第 2 章讨论)。

1.3.3 通信

随着许多通信系统的工作频段扩展到 Ka 频段及更高的频段,AESA 对通信应用非常有吸引力。对于低频通信,AESA 并不是合适的选择,因为尺寸非常大,而且在大多数情况下成本高昂。高频通信则不存在该问题,可以使用 AESA。AESA 为通信带来的益处如下。

(1)高增益波束。与 EA 类似,能够增加通信距离。然而,更重要的是,高增益波束能够增加信噪比,允许使用更复杂的波形来提高数据传输速率。

(2)同时多波束。AESA 的同时多波束能力允许一个通信系统与多个用户同时通信。这对设计弹性可靠的通信系统非常有价值。

(3)捷变波束。AESA 的捷变波束能够为不同空间位置的用户提供服务,避免使用多个天线覆盖不同空间区域。

(4)大瞬时带宽(IBW)。更大的带宽可以提高数据吞吐量,同时可以支持采用更高频谱效率的波形,如正交频分复用(OFDM)。AESA 能够支持同时收发高增益、灵活捷变且具有大瞬时带宽的波束。

1.3.4 信号情报

信号情报(SIGINT)类似于 ESM 系统,其 AESA 不发射信号,只接收来自外界环境的信号。它唯一的目的是在频率域发现各种大小信号,并对信号进行地理定位和/或解调,提供情报。因此,ESM 所描述的 AESA 优势直接适用于 SIGINT。SIGINT 的 AESA 不发射信号,具有更多的空间,可安装其他接收电子设备。这为增加 AESA 波束数量提供了设计空间,使其在空间域和频率域形成强大的快速扫描能力。

1.4 AESA 参考知识

在介绍 AESA 框图之前,首先分析阵列/天线的接收和发射功率的关系。二者的关系可以通过雷达距离方程(RRE)来描述,该方程基于 Friis 传输方程[5]。此方程表征了经过发射、目标反射、接收的信号功率(接收天线与发射天线相同或不同)以及信噪比(SNR)[5-6]。对于仅发送和仅接收的应用场景,该方程通过省略某些参数仍然适用,这些参数将在下面讨论。AESA 是雷达距离方程中信号功率和噪声功率的主要贡献者,因此理解雷达距离方程对于 AESA 是非常重要的。AESA 设计需求主要基于影响雷达距离方程的系统级性能参数。

下面首先针对雷达应用阐述雷达距离方程,然后分析其如何适用于其他非雷达应用。首先,计算雷达距离方程中的信号功率。假定一副天线的发射增益为 G_{TX}(TX 表示发射)、发射功率为 P_{TX},P_{TX} 和 G_{TX} 的乘积是有效辐射功率,代表远场辐射的功率值。远场距离由方程 $R = 2D^2/\lambda$ 定义,其中 R 是与天线的距离,D 是天线最大尺寸,λ 是辐射频率对应的波长($\lambda = c/f$,c 为光速,f 为辐射频率)[5]。通常 G_{TX} 是角度 (θ, ϕ) 的函数;然而,这里假定 G_{TX} 代表天线的峰值增益。辐射功率与距离(R)呈比例衰减。辐射功率可表示为

$$\frac{P_{TX} G_{TX}}{4\pi R^2} \quad \left(\frac{W}{m^2}\right) \qquad (1.1)$$

式(1.1)表示的辐射功率入射到物体或目标上,该物体或目标反射并再辐射该能量。雷达截面 $\sigma(m^2)$ 用于表征反射回发射天线方向的能量大小。反射功率与入射辐射功率相似,与距离 R 呈比例衰减。返回到辐射天线处的功率表示为

$$\frac{P_{TX} G_{TX} \sigma}{(4\pi)^2 R^4} \quad \left(\frac{W}{m^2}\right) \qquad (1.2)$$

最后一步计算发射天线处接收的总反射功率,将式(1.2)中的功率乘以天线等效面积得到式(1.3),总接收功率记作 S,S 为信噪比中的信号功率值,即

$$S = \frac{P_{TX}G_{TX}\sigma A}{(4\pi)^2 R^4} \quad (W) \tag{1.3}$$

式(1.3)中的 A 代表天线的有效面积,不代表阵列的实际物理尺寸。该式具有普适性,既适用于单站雷达(发射和接收天线相同),也适用于双站雷达(发射和接收天线不同且空间分离)。为便于讨论,此处假定为单站,将 $G = 4\pi A/\lambda^2$ 代入式(1.3),得到以下结果:

$$S = \frac{P_{TX}G_{TX}^2\sigma\lambda^2}{(4\pi)^3 R^4} \quad (W) \tag{1.4}$$

从式(1.4)中可以得出,在给定距离值 R 条件下,为使接收信号功率 S 最大,P_{TX} 和 G_{TX} 也必须最大。AESA 本身具有高增益,并能够发射大功率。前面说明了 AESA 是如何直接影响和改善信号功率 S 的。例如,MSA 对 S 的影响也可以使用式(1.4)进行计算。不同的是,反射面天线的效率比 AESA 低,大约为 60%;而 AESA 通常达到 90%,相对 MSA 大幅提升了 S。此外,如图 1.6 所示,AESA 采用分布式 HPA 架构,避免了 MSA 中发射机之后的传输损耗。这直接影响 P_{TX},进而影响到 S。

为了进一步得到信噪比方程,必须计算出噪声功率 N。N 的表达式如式(1.5)所示,其中,k 为玻尔兹曼常量(W/(Hz·K)),T_0 为噪声温度(K),B 为噪声带宽(Hz),F 为噪声因子[7]。

$$N = kT_0 BF \quad (W) \tag{1.5}$$

在 AESA 设计中,LNA 被放置在靠近天线阵元的位置,以降低天线与 LNA 之间的损耗,减小噪声因子 F,从而降低了接收机入口的噪声功率。信噪比 SNR 可以写为

$$SNR = \frac{S}{N} = \frac{\dfrac{P_{TX}G_{TX}^2\sigma\lambda^2}{(4\pi)^3 R^4}}{kT_0 BF} \tag{1.6}$$

进一步简化为

$$SNR = \frac{P_{TX}G_{TX}^2\sigma\lambda^2}{(4\pi)^3 R^4 kT_0 BF} \tag{1.7}$$

式(1.7)突出了与 AESA 直接相关的性能参数 P_{TX}、G_{TX} 和 F。对于 AESA 最优设计,发射功率、阵列增益和噪声系数必须进行优化和权衡,以实现性能高、经济性好的解决方案。

到目前为止,雷达距离方程都是从雷达发射和接收能量的角度进行讨论的。下面将讨论对雷达距离方程进行修改以适用于 EA 和 ESM。对于 EA 而言,

AESA 用于发射强功率以干扰重要目标。因此,其主要关注的是信号功率 S,而不是接收噪声功率,如式(1.4)所示。由于干扰只存在从 AESA 到目标的单向路径衰减,故不需要考虑雷达截面,对式(1.4)进行修正,结果如下所示:

$$S_{\text{EA}} = \frac{P_{\text{TX}}G_{\text{TX}}}{(4\pi)R^2}A_{\text{threat}}(\text{W}) \tag{1.8}$$

式中:P_{TX}、G_{TX} 为 AESA 设计的关键指标,通过最大化设计可以发射尽可能多的功率;不过与雷达的情况不同,EA 的信号功率空间衰减与 R^2 成反比;参数 A_{threat} 为威胁目标接收天线的等效面积,与 AESA 无关。

对于 ESM 应用,必须对式(1.7)中的信号功率 S 和噪声功率 N 进行修正。在 ESM 系统中,AESA 仅工作在接收模式,不发射功率,仅接收来自威胁的信号或感兴趣的信号。与前面描述的 EA 类似,信号功率空间衰减与 R^2 成反比。式(1.7)可以修正为

$$\text{SNR}_{\text{ESM}} = \frac{(P_{\text{TX}}G_{\text{TX}})_{\text{threat}}}{4\pi R^2}\frac{A_{\text{AESA}}}{kT_0BF} \tag{1.9}$$

将 $A = G\lambda^2/(4\pi)$ 代入式(1.9)进一步简化为

$$\text{SNR}_{\text{ESM}} = (P_{\text{TX}}G_{\text{TX}})_{\text{threat}}\left(\frac{\lambda}{4\pi R}\right)^2\frac{1}{kB}\frac{G}{T} \tag{1.10}$$

式(1.10)包含关键性能参数 G/T,其中 $T = T_0F$。G/T 与接收灵敏度直接相关,它直接影响 ESM 系统在有噪声情况下的信号探测能力。无论是对于 ESM,还是对于雷达和通信系统,接收灵敏度需求通常被分解到 AESA,并决定了 AESA 的性能。图 1.9 分别给出了影响雷达、EA 和 ESM 性能的 AESA 参数。通信尽管未在图中表示,但可以表示为 EA 和 ESM 在功能方面的组合。从 AESA 的角度来看,通信链路必须收发闭环,即 AESA 必须具有足够的信噪比,如图 1.9 中的 EA 和 ESM 所示。

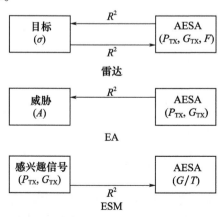

图 1.9 影响雷达、EA 和 ESM 性能的 AESA 关键参数

1.5 主要组成

在理解 AESA 如何影响信噪比的基础上,下面介绍典型收发系统的框图,也可作为其余各章的参考。图 1.10 给出了 AESA 主要子系统组成和后端电子部件框图。AESA 可以简化为等效天线与等效 HPA 和 LNA,这就决定了信噪比如何受到影响。通常在设计系统时,AESA 首先按照系统 F、G 和 P 的要求进行指标分解,然后进一步分解到天线阵元、收发组件和波束成形器。

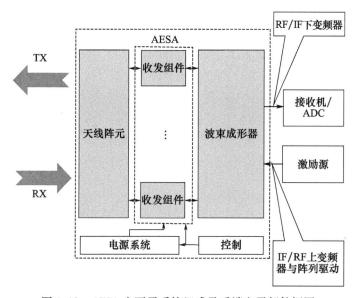

图 1.10　AESA 主要子系统组成及后端电子部件框图

1.5.1　天线阵元

天线阵元位于 AESA 的前端,直接影响总增益 G 与天线极化设计。阵列单元通常与天线罩一体化集成,或者被单独天线罩保护而不受外界环境影响。天线罩通常被设计成具有最小损耗、非常小的反射率以及良好的透射率。第 3 章将详细阐述阵元的关键性能参数,如扫描损失、有源匹配和插入损耗。阵元设计也间接影响发射功率指标。对于雷达和 EA 等大功率发射系统,阵元必须在高功率条件下工作而不被损坏。

1.5.2　收发组件

AESA 采用收发组件进行电子扫描,收发组件包含移相器、HPA、LNA、环形器、滤波器和开关。其中,移相器用于控制波束扫描,HPA 用于发射,LNA 用于接收。第4章将说明,AESA受益于收发射频组件分布式设计,具有优雅降级工作能力,即在出现故障时仍然能够按要求工作。这对于系统的可靠性来说是极其重要的。

收发射频组件对信噪比方程的影响主要体现在发射功率 P_{TX} 和接收噪声系数 F 上。最大 ERP 对应的最大辐射功率和系统接收灵敏度在很大程度上取决于收发射频组件设计。对于大规模阵列(大于100个阵元),收发射频组件的成本通常是 AESA 总成本的主要组成。因此,必须进行极为细致的优化设计,才能确保实现最低成本和最低复杂度。

1.5.3 波束成形器

AESA 的波束成形器是无源功分/功合网络电路,其作用是将信号从激励源分配到每个阵元,或将每个阵元接收到的信号合成为一个相干叠加波束。无源波束成形器会直接影响发射功率 P_{TX} 和接收噪声系数 F,必须对其进行优化以使损耗最小。波束成形器将在第5章进行阐述,其对于具有定位功能的系统(雷达、ESM、SIGINT)很重要。多波束成形器或单波束成形器可以通过多个输出端口形成和差波束,并将和差信号输出给接收机进行定位。

1.6 级联性能和架构选择

信号和噪声增益、级联噪声系数、级联功率截取点和无杂散动态范围是 AESA 的关键性能参数。因此,理解如何计算这些参数以有效满足 AESA 性能至关重要。在 AESA 设计中,要仔细理解所有级联电子器件是如何一起工作以实现 AESA 整体性能的。第6章将具体描述上述参数的计算过程。

AESA 设计另一方面是为不同的应用选择合适的架构。例如,宽带 AESA 的架构设计必须区别于窄带 AESA。第7章介绍了各种 AESA 架构,包括模拟波束成形、子阵(SA)级波束成形、重叠子阵级波束成形、子阵级数字波束成形(DBF)和阵元级数字波束成形(EDBF)等架构。这些架构提供了一个可供选择的菜单,可以满足系统级要求,如工作带宽、IBW、最大扫描角度和波束数量。最后将讨论自适应波束成形,基于子阵级 DBF 和阵元级 DBF 架构实现。

参考文献

[1] Tokoro, S., Kuroda, K., Kawakubo, A., Fujita, K., and Funinami, H. "Molecular fMRI." *IEEE IV 2003 Intelligent Vehicles Symposium Proceedings*, 2003.

[2] Bell Labs. "ABM Research and Development at Bell Laboratories, Project History." *Technical*

Report, 1975.

[3] Reim, G. "US Navy's Mid-Band Jammer Pod Makes First Flight on Boeing ea-18g Growler." https://www.flightglobal.com/fixed-wing/us-navys-mid-band-jammer-pod-makes-first-flight-on-boeing-ea-18g-growler/139703.article, 2021.

[4] Grumman, Northrop "Northrop Grumman Demonstrates Antenna Sharing and Pattern Capabilities at Naval Research Laboratory Test Facility." https://news.northropgrumman.com/news/releases/northrop-grumman-demonstrates-antenna-sharing-and-pattern-capabilities-at-naval-research-laboratory-test-facility, 2019.

[5] Balanis, C. *Antenna Theory Analysis and Design*. John Wiley & Sons, Publishers, Inc., 1982.

[6] Skolnik, M. I. *Radar Handbook*. McGraw Hill, 1990.

[7] Pettai, R. *Noise in Receiving Systems*. John Wiley & Sons, 1984.

第 2 章 有源电扫阵列理论

2.1 引言

AESA 具有易操控、可捷变、高增益波束的能力,非常适合雷达、气象监视和成像等应用。图 2.1 给出了机械扫描天线(MSA)与有源电扫阵列(AESA)的对比,前者采用伺服转动机构控制波束指向,而后者采用固态电子扫描控制波束指向,不需要任何机械运动。AESA 波束可以进行纳秒量级扫描,而机械扫描天线只能达到秒量级。AESA 的这一优势不仅可以大幅提升波束扫描速度,而且在特定工作模式下增加了操控阵列波束指向的灵活度。

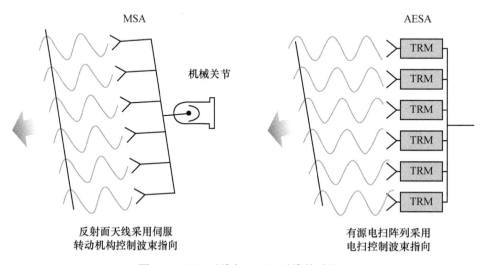

图 2.1 MSA 天线与 AESA 天线的对比

充分理解 AESA 相关基本概念和知识(如栅瓣、波束宽度、瞬时带宽等),对 AESA 设计非常重要。本章的后续各节将详细阐述这些基础原理。

2.2 一维阵列方向图表达式的推导

2.2.1 无扫描时的方向图表达式

如图 2.2 所示,考虑由 M 个阵元构成的一维线性阵列。阵元均匀分布,相邻阵元间距为 d,阵列总长度为 $L=Md$。将阵列中心位置设为 $x=0$,则阵元位置可表示为

$$x_m = [m - 0.5(M+1)]d \quad (m = 1, 2, \cdots, M) \tag{2.1}$$

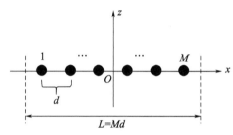

图 2.2 M 个阵元构成的一维线性阵列(相邻阵元间距为 d,阵列总长度为 L)

每个阵元的激励由复电压 A_m 表示。电磁信号以入射角 θ 入射到阵列上,被阵列中的每个阵元接收,然后相干求和得到合成信号。各阵元电压的相干求和可以表示为

$$\text{AF} = \sum_{m=1}^{M} A_m e^{j\frac{2\pi}{\lambda}x_m \sin\theta} \tag{2.2}$$

式中:AF 为阵因子,表示 M 个阵元的空间响应。

由式(2.2)可知,AF 是孔径分布电压(A_m)、频率($\lambda = c/f$,c 为光速,f 为频率)、阵元间距(d)和入射角度(θ)的函数。当 $\theta = 0°$ 时,AF 取最大值为 M,也就是阵元的数量。无论对于一维阵列还是二维阵列,AF 的最大值总是等于阵列中的阵元数。

然而,AF 并不能充分描述阵列的空间响应,需要考虑阵列中的每个阵元具有阵元方向图(EP),即单个阵元的空间响应。式(2.3)给出了阵元方向图的表达式,采用升余弦函数进行较好建模,其幂次称为阵元因子(EF)。

$$\text{EP} = \cos^{\frac{\text{EF}}{2}}\theta \tag{2.3}$$

式(2.3)是阵元方向图的电压表达式,其功率表达式是 $|\text{EP}|^2 = \cos^{\text{EF}}\theta$。该式通常用于解释波束扫描时的增益损失。在实际应用中,当 $\theta = 90°$ 时,EP 并不为零;对于扫描角度接近 90° 的情况,必须用实际测量的天线方向图取代

式(2.3)。AESA 在安装环境或测量范围内,也会受到阵列边缘附近的衍射和反射影响,从而改变边缘附近天线阵元的方向图。

综上所述,天线阵列完整方向图表达式可通过将阵因子和阵元方向图(EP)相乘得到[1]。此处假定 AESA 中每个单元 EP 都是相同的,这对于大规模 AESA 是很好的近似。式(2.4)给出了 M 个阵元的一维阵列的合成总方向图:

$$F(\theta) = \text{EP} \cdot \text{AF} = \cos^{\frac{\text{EF}}{2}}\theta \sum_{m=1}^{M} A_m e^{j\frac{2\pi}{\lambda}x_m \sin\theta} \quad (2.4)$$

从式(2.4)中可看出,假设所有天线阵元方向图都相同,则阵元方向图 EP 可以作为公因子从 AF 中提取出来。在本章后面将看到,这种假定不适用于共形阵列天线,因为各阵元方向图的法线并不平行于阵列准线方向,同时也不适用于小规模阵列。不过,除了对共形阵列做了部分讨论之外,本章的其余部分所描述的 AESA 只考虑大规模阵列情况(电尺寸大于 5λ)[2]。

2.2.2 扫描时的方向图表达式

2.2.1 节给出了 M 个阵元一维线性阵列的空间方向图表达式。本节将给出扫描情况下的阵列方向图表达式。注意到式(2.4)仅当 $\theta=0°$ 时才取最大值。但 AESA 既然具有波束扫描的能力,那么在其他角度($\theta \neq 0°$)也存在最大值。后续章节,扫描角度将用 θ_0 表示。

阵列波束扫描需要通过调整阵列中每个阵元的相位和/或时延实现。在式(2.2)的基础上,将每个阵元的激励电压展开为 $A_m = a_m e^{j\theta_m}$,得

$$\text{AF} = \sum_{m=1}^{M} a_m e^{j\theta_m} e^{j\frac{2\pi}{\lambda}x_m \sin\theta} \quad (2.5)$$

如式(2.5)所示,当 $\theta_m = -\dfrac{2\pi}{\lambda}x_m \sin\theta_0$ 时,AF 在 θ_0 处具有最大值。因此,式(2.5)可以进一步表达为

$$\text{AF} = \sum_{m=1}^{M} a_m e^{j\left(\frac{2\pi}{\lambda}x_m \sin\theta - \frac{2\pi}{\lambda}x_m \sin\theta_0\right)} \quad (2.6)$$

通过对每个阵元进行赋相,AESA 波束可以在不移动整个阵列的情况下进行空间电子扫描,整个阵列的总方向图可以表示为

$$F(\theta) = \cos^{\frac{\text{EF}}{2}}\theta \sum_{m=1}^{M} a_m e^{j\left(\frac{2\pi}{\lambda}x_m \sin\theta - \frac{2\pi}{\lambda}x_m \sin\theta_0\right)} \quad (2.7)$$

电子扫描方式可分为相位控制或时间延迟控制。对于相位控制,每个阵元都有一个移相器,并根据工作频率和扫描角度对相位进行设置。移相器的特点在于相位延迟在频域上是恒定的,这意味着必须对式(2.7)进行修正。相位延

迟控制的方向图表达式为

$$F(\theta) = \cos^{\frac{EF}{2}}\theta \sum_{m=1}^{M} a_m e^{j\left(\frac{2\pi}{\lambda}x_m\sin\theta - \frac{2\pi}{\lambda_0}x_m\sin\theta_0\right)} \tag{2.8}$$

式中：$\lambda = c/f$，$\lambda_0 = c/f_0$。

可以很容易看出，当 $f \neq f_0$ 时，方向图不再是最大值。2.3.2 节将进一步深入讨论。当采用时间延迟控制时，式（2.8）变为

$$F(\theta) = \cos^{\frac{EF}{2}}\theta \sum_{m=1}^{M} a_m e^{j\frac{2\pi}{\lambda}x_m(\sin\theta - \sin\theta_0)} \tag{2.9}$$

2.3　AESA 基础知识

AESA 一维线性阵列的 AF 可以表达为

$$AF = \sum_{m=1}^{M} a_m e^{j\left(\frac{2\pi}{\lambda}x_m\sin\theta - \frac{2\pi}{\lambda}x_m\sin\theta_0\right)} \tag{2.10}$$

式（2.10）可以表示为闭合解形式：

$$AF = \frac{\sin\left[M\pi d\left(\dfrac{\sin\theta_0}{\lambda_0} - \dfrac{\sin\theta}{\lambda}\right)\right]}{\sin\left[\pi d\left(\dfrac{\sin\theta_0}{\lambda_0} - \dfrac{\sin\theta}{\lambda}\right)\right]} \tag{2.11}$$

式（2.11）给出了采用移相器情况下的 AF 表达式，对应时间延迟情况下的表达式如下：

$$AF = \frac{\sin\left[\dfrac{M\pi d}{\lambda}(\sin\theta_0 - \sin\theta)\right]}{\sin\left[\dfrac{\pi d}{\lambda}(\sin\theta_0 - \sin\theta)\right]} \tag{2.12}$$

AF 推导参见附录 A。波束宽度、瞬时带宽、栅瓣这 3 个关键参量可从式（2.11）和式（2.12）中推导出来。

2.3.1　波束宽度

AESA 波束宽度是指主瓣功率下降一定值时对应的角度范围。当该值为 3dB 时，波束宽度称为半功率波束宽度。对于均匀分布阵列，4dB 波束宽度可以采用 λ/L 进行粗略计算。在不要求精度的情况下，该表达式可以进行比较好的估算，因此被经常使用。

式(2.12)具有 $\frac{\sin(Mx)}{x}$ 的形式,可采用标准 sinc 函数 $\frac{\sin x}{x}$ 进行近似。sinc 函数的 4dB 点出现在 $x = \pm \frac{\pi}{2}$ 位置,对应的 $\frac{\sin x}{x} = \frac{2}{\pi}$。采用相同的思路,将式(2.12)写为

$$\mathrm{AF} \approx \frac{\sin\left[M\pi d\left(\frac{\sin\theta_0}{\lambda_0} - \frac{\sin\theta}{\lambda}\right)\right]}{M\pi d\left(\frac{\sin\theta_0}{\lambda_0} - \frac{\sin\theta}{\lambda}\right)} \tag{2.13}$$

将式(2.13)中的参数设为 $\pm \frac{\pi}{2}$,当 $\theta = \theta_0 \pm \frac{\theta_{\mathrm{BW}}}{2}$(BW 表示波束宽度)时,可得到两个等式:

$$M\pi d\left[\frac{\sin\theta_0}{\lambda_0} - \frac{\sin\left(\theta_0 + \frac{\theta_{\mathrm{BW}}}{2}\right)}{\lambda}\right] = -\frac{\pi}{2} \tag{2.14}$$

$$M\pi d\left[\frac{\sin\theta_0}{\lambda_0} - \frac{\sin\left(\theta_0 - \frac{\theta_{\mathrm{BW}}}{2}\right)}{\lambda}\right] = +\frac{\pi}{2} \tag{2.15}$$

将式(2.14)减去式(2.15),得

$$\frac{M\pi d}{\lambda}\left(2\sin\frac{\theta_{\mathrm{BW}}}{2}\cos\theta_0\right) = \pi \tag{2.16}$$

使用 sine 函数小角度近似,由式(2.16)推导出波束宽度如下:

$$\theta_{\mathrm{BW}} = \frac{\lambda}{Md\cos\theta_0} = \frac{\lambda}{L\cos\theta_0} \tag{2.17}$$

式中:$L = Md$ 为 AESA 的孔径尺寸。

式(2.17)对于移相器控制和时延控制两种情况都是适用的,当 $\theta_0 = 0°$ 时得到用于估算 AESA 波束宽度的公式。由式(2.17)可见,波束宽度反比于工作频率、孔径尺寸和扫描角的余弦值。注意对于均匀孔径辐射,式(2.17)中的波束宽度为 4dB 波束宽度,将其修正为更加通用的表达式如下:

$$\theta_{\mathrm{BW}} = \frac{k\lambda}{L\cos\theta_0} \tag{2.18}$$

式中:k 为波束宽度系数,随孔径分布不同而变化。

例如,对于均匀辐射的 AESA 的 3dB 波束宽度,$k = 0.886$。图 2.3 给出了恒定孔径长度 L 和 $k = 1$ 情况下 AESA 波束宽度与扫描角度、工作频率的关系曲线。

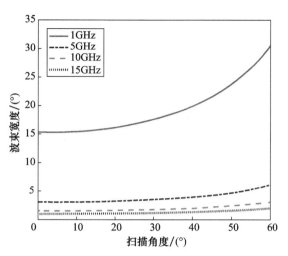

图 2.3　AESA 波束宽度与扫描角度、工作频率的关系曲线（$k=1$ 的情况下）

2.3.2　瞬时带宽

在描述瞬时带宽（IBW）时，分析采用移相器的 AESA 的情况。对于采用相位延迟的 AESA，通过对每个阵元上的移相器进行移相相位设置控制扫描波束。移相器的相位具有随频率恒定的特性。在 AESA 中心频率处，式（2.11）中 $f=f_0$，AF 得到最大值；而当 $f=f_0+\Delta f$ 时，AF 在 $f=f_0$ 处不再有最大值，在要求的扫描角度处存在方向图增益损失。这种现象通常称为波束倾斜。IBW 为增益损失可以接受的频率范围，即 $2\Delta f_0$ IBW，通常为 3dB 或 4dB 瞬时带宽。图 2.4 给出了两种不同孔径长度的 AESA 的波束倾斜曲线。可见，当扫描角度为 30°时，阵列尺寸越大（图 2.4(b)），波束宽度越小，增益损失越大。

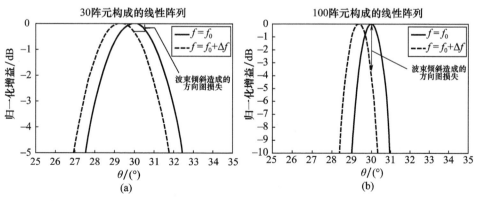

图 2.4　采用移相器控制的不同阵列规模的 AESA 波束倾斜曲线对比图（左右图采用相同的阵元间距。图中实线代表工作频率 f_0 对应的方向图；虚线代表频率 $f=f_0+\Delta f$ 对应的波束倾斜）

与阵列波束宽度的推导方式类似，IBW 也可以由式(2.13)推导得出(基于 AF 指数形式的另一种推导参见附录 B)。将式(2.13)用频率表示为

$$AF \approx \frac{\sin\left[\dfrac{M\pi d}{c}(f_0\sin\theta_0 - f\sin\theta)\right]}{\dfrac{M\pi d}{c}(f_0\sin\theta_0 - f\sin\theta)} \quad (2.19)$$

将 $f = f_0 \pm \dfrac{\Delta f}{2}$ 代入式(2.19)求 Δf，得到式(2.20)(见附录 B)：

$$IBW = \Delta f = \frac{c}{Md\sin\theta_0} = \frac{c}{L\sin\theta_0} \quad (2.20)$$

式(2.20)定义了 AESA 的 4dB IBW。与式(2.18)类似，IBW 也可以写成更通用的形式：

$$IBW = \frac{kc}{L\sin\theta_0} \quad (2.21)$$

式中：k 为波束宽度系数，是孔径分布的函数。

对于时延控制的情况，不存在波束倾斜现象。由式(2.12)可知，对于时间延迟，AF 在要求的扫描指向角度有最大值。时间延迟控制对宽频带应用和大规模阵列有非常大的吸引力，避免了使用相位延迟控制带来的瞬时带宽受限问题。

2.3.3 栅瓣

AF 为周期函数。与信号处理理论类似，相控阵的天线阵元如果不能满足合适的采样间距，就会出现栅瓣，可看作主瓣的周期性复制。栅瓣出现的位置是频率和阵元间距的函数。栅瓣是不希望出现的，会从主波束分取能量、降低灵敏度并间接降低主瓣指向精度。通过式(2.11)可以推导出 AESA 的栅瓣的位置。当 $\pi d\left(\dfrac{\sin\theta_0}{\lambda_0} - \dfrac{\sin\theta}{\lambda}\right) = \pm p\pi$ 时，AF 取最大值，其中 $p = 0, 1, 2, \cdots$，进而得到：

$$\sin\theta_{GL} = \frac{\lambda}{\lambda_0}\sin\theta_0 \mp p\frac{\lambda}{d} \quad (2.22)$$

式中，第一项为波束扫描到 θ_0 的主瓣位置，第二项为栅瓣的位置。

设 $\lambda = \lambda_0$，$\theta_0 = 0°$，式(2.22)简化为

$$\sin\theta_{GL} = \mp p\frac{\lambda}{d} \quad (2.23)$$

式(2.22)给出了主瓣不扫描状态下的栅瓣位置。为了求出扫描到 90°内不出现栅瓣的天线阵元间距，设式(2.22)中 $\theta_{GL} = 90°$，$p = 1$，可得

$$d = \frac{\lambda}{1 + \sin\theta_0} \quad (2.24)$$

式(2.24)表明为了使 AESA 扫描到 90°，天线阵元间距必须为 $\lambda/2$。图 2.5 给出了天线阵元间距为 λ 情况下的阵列总方向图、阵因子和阵元方向图的曲线。

AF 的栅瓣即使出现在 90°处，也是不可取的。然而，由于阵列总方向图是由阵因子和阵元方向图相乘得出，阵元方向图的幅度包络会衰减 AF 的栅瓣。图 2.6 给出了天线阵元间距分别为 0.5λ、1λ、2λ 情况下的方向图曲线。一款精心设计的 AESA 需要充分考虑栅瓣，确保其不出现在要求的电扫空间。2.6 节将结合二维 AESA 进行详细讨论。

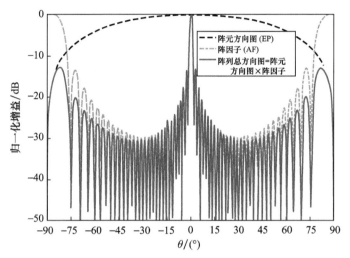

图 2.5　阵列总方向图由阵因子和阵中阵元方向图相乘得出

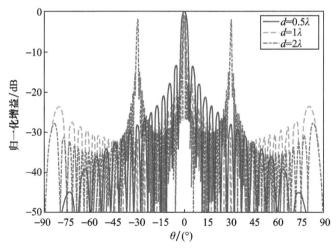

图 2.6　AESA 栅瓣是关于阵元间距的函数，
可通过优化阵元间距抑制副瓣改善性能（见彩插）

2.3.4　误差效应

实际 AESA 设计会存在许多误差，这些误差既随机又相关，主要由元器件和信号网络引起[3]。这些误差若得不到有效控制,就会产生较高的副瓣电平。其中,相关误差主要来源于 AESA 中移相器(或时延模块)和衰减器的量化误差;此外,在大规模宽带 AESA 中采用子阵级时间延迟设计也会造成相关误差[3]。AESA 中的随机幅度和相位误差主要归因于失效元器件和制造公差等因素。为了获得良好的副瓣电平性能,有必要对量化误差和随机误差同时仿真。

2.3.5 量化效应

AESA 中的移相器(和/或时延模块)提供扫描波束所需的渐进相位。比特位数(N)是移相器关键参数,而移相器的最低有效位(LSB)可由下式计算得到:

$$\text{LSB} = \frac{360°}{2^N} \tag{2.25}$$

如图 2.7 所示,对每个阵元要求的理论移相值采用阶梯近似方法,量化每个阵元对应的相位,对整个阵列进行赋相,会导致周期性的三角相位误差,引起类似栅瓣周期性的副瓣抬升[3]。Miller 推导出了由量化误差导致的副瓣电平峰值和平均值[4],如下所示:

$$\text{SLL}_{\text{average}} = \frac{1}{3n_{\text{elem}}\varepsilon} \frac{\pi^2}{2^{2N}} \tag{2.26}$$

$$\text{SLL}_{\text{peak}} = \frac{1}{2^{2N}}$$

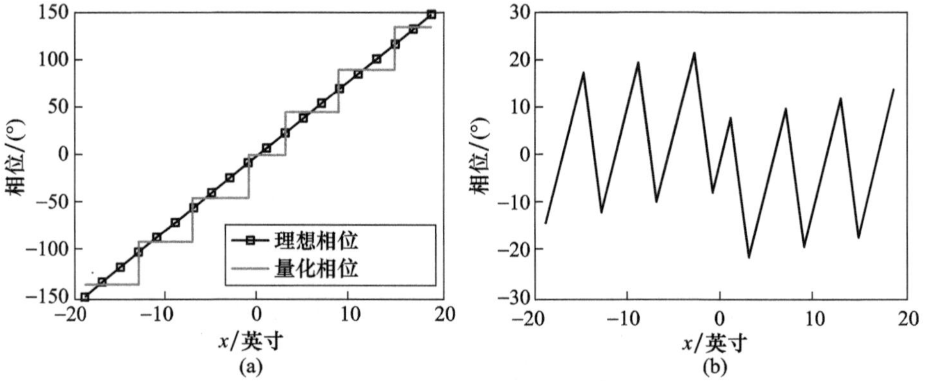

图 2.7　4 位移相器的阶梯近似

(a) 4 位移相器量化相位;(b) 4 位移相器量化相位误差。

1 英寸=25.4mm。

幅度锥削分布的量化误差与上面提到的相位量化误差类似。阵列幅度是由 N 位衰减器量化,而不是平滑孔径分布,这是误差的另一个来源。图 2.8 给出了 2 位移相器和衰减器量化误差的影响,其方向图与理想方向图对比副瓣显著抬升。图 2.9 给出了 6 位移相器和衰减器量化误差对方向图的影响,相比 2 位

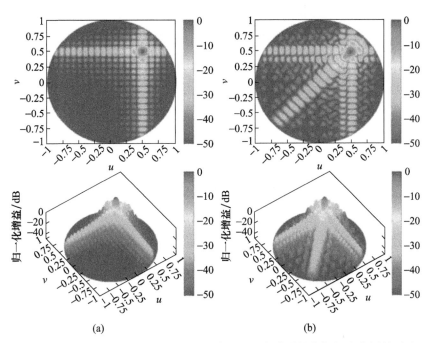

图 2.8 理想无量化方向图与采用 2 位移相器和衰减器量化加权方向图的对比
（量化位数不足会造成副瓣抬升）（见彩插）
（a）理想无量化方向图；（b）2 位移相器量化加权方向图。

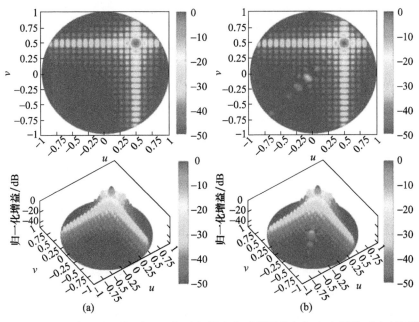

图 2.9 理想无量化方向图与采用 6 位移相器和衰减器量化加权方向图的对比（见彩插）
（a）理想方向图；（b）6 位移相器量化。

移相器和衰减器的方向图有显著改善。尽管量化误差会抬升平均副瓣电平(SLL),但采用6位移相器和衰减器后的副瓣电平抬升效应并不明显。因此,对于大多数AESA的应用,采用6位移相器和6位器衰减来满足要求,有些情况为了调控射频链路的有源增益,可增加额外的衰减器位数。

2.3.6 幅度相位随机误差效应

诸如阵元失效等随机误差,可采用幅度和相位零均值的高斯分布进行建模[3]。由随机误差引起的平均SLL表示如下[3]:

$$\overline{\sigma^2} = \frac{\pi^{\frac{1}{2}}\overline{e^2}}{D_A^{\frac{1}{2}}P} \qquad (2.27)$$

式中,$\overline{\sigma^2}$为平均SLL;D_A为定向增益;P为阵元正常工作(非失效)的概率;$\overline{e^2}$为误差方差,是幅度和相位误差的函数,服从高斯分布。

图2.10给出了随机相位和幅度误差在标准差分别为6°和0.5dB(1σ)的高

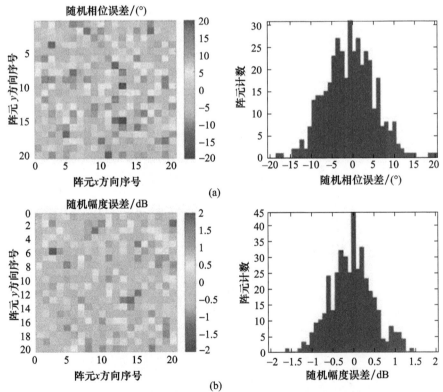

图2.10 高斯分布随机相位误差和随机幅度误差图
(标准差分别为6°和0.5dB)(见彩插)
(a)随机相位误差;(b)随机幅度误差。

斯分布图。幅度和相位误差值通常根据性能要求确定。图 2.11 给出了考虑随机误差影响的方向图与理想方向图对比。

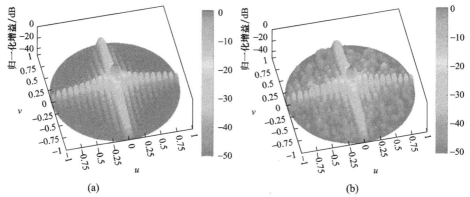

图 2.11 按图 2.10 随机相位误差和幅度误差分布对应的方向图与理想方向图的对比（见彩插）
（a）无误差理想情况下的方向图；（b）存在随机相位误差和幅度误差的方向图。

2.4 一维方向图综合

2.2 节已经推导出了一维 AESA 的方向图表达式，下面将分别分析阵元幅度分布、频率、阵元数量和扫描角度对方向图的影响。首先，如图 2.12 所示，为了便于展示方向图相乘过程，将阵元方向图（EP）、阵因子（AF）和阵列总方向图绘制到一张图上。

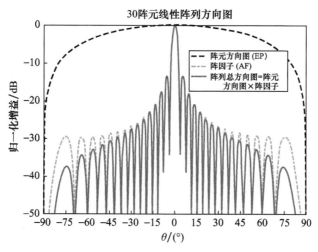

图 2.12 EP、AF 和阵列总方向图

此处阵元因子 EF 取值 1.5。事实上，EF 的大小与辐射阵元的设计有关，不过 1.5 对于方向图分析是个合理的取值。在系统设计中，因为功率方向图是决定性

能的关键因素,方向图曲线都以功率为量纲进行绘制。图2.12所有的功率方向图曲线采用dB作为单位。式(2.28)给出了如何将功率方向图转化为以dB为单位。

$$F_{\mathrm{dB}} = 10\lg(\mathrm{EP} \cdot \mathrm{AF})^2 = 20\lg(\mathrm{EP}) + 20\lg(\mathrm{AF}) \qquad (2.28)$$

图2.13给出了EP、AF和阵列扫描合成总方向图曲线,说明EP并不随着AF扫描,EP的幅度包络对AF方向图进行了衰减。例如,当EF=1时,阵列方向图扫描到$\theta=60°$处,由于EP的幅度包络造成的增益损失为$10\lg(\cos 60°) \approx -3\mathrm{dB}$。这种增益损失对大扫描角度影响最大,因此在分析性能时必须考虑EP扫描损失。除了扫描增益损失外,EP还会导致阵列方向图峰值偏离扫描角度。图2.14给出了EP、AF和阵列总方向图曲线的放大图,可以看出,AF峰值位于扫描角度60°处;然而,由于EP的幅度包络,阵列方向图的峰值略有偏移。

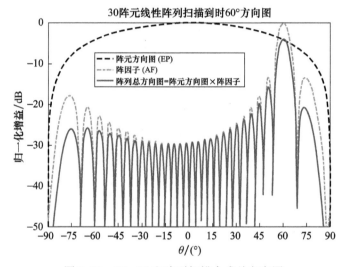

图2.13 EP、AF和阵列扫描合成总方向图

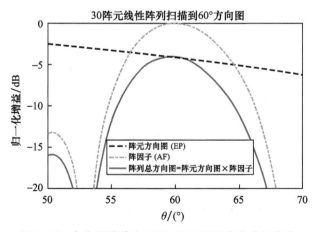

图2.14 方向图峰值由于EP的幅度包络造成的偏移

2.4.1 幅度分布影响分析

在 2.2.2 节中,已经展示通过改变阵列中每个阵元的相位,对 AESA 波束进行空域扫描。除了可以改变阵元的相位,还可以通过改变阵元的振幅(A_m)降低副瓣水平。图 2.15 给出了幅度均匀分布($A_m = 1$)的阵列总方向图。对于均匀分布阵列,第一副瓣电平比主瓣峰值低大约 13dB。当 AESA 波束扫描时,副瓣相较于主瓣的电平也会随之变化;这是由于 EP 的幅度包络影响了阵列方向图。对于很多 AESA 应用,副瓣电平绝不能接近主瓣电平;否则,会造成强信号通过副瓣进入 AESA。图 2.16 给出了阵列扫描到 60°的幅度均匀加权的总方向图,第一副瓣只比主瓣低 10dB。

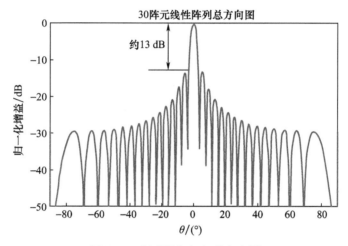

图 2.15 幅度均匀加权总方向图

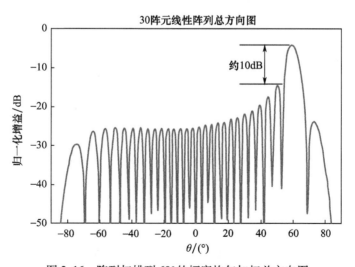

图 2.16 阵列扫描到 60°的幅度均匀加权总方向图

为了降低 AESA 的副瓣电平,可以采用幅度加权的方法。各种幅度加权的原理类似滤波理论;其中,泰勒加权是最有效的孔径综合方法[5]。图 2.17 给出了幅度均匀分布和泰勒加权两种情况下权重系数分布的对比。可见泰勒加权的权重系数偏离了幅度均匀分布的权重系数,将会导致一定的主瓣增益损失。后面关于波束宽度的章节将进一步讨论。图 2.15 中的阵列总方向图曲线在采用 30dB 泰勒加权后的效果如图 2.18 所示。由该图可见,副瓣电平低于主瓣 30dB。在实际工程中,整个阵列会存在幅度误差,这将导致部分副瓣比 30dB 差。通常采用平均副瓣电平这个指标对副瓣整体效果进行评价。误差对于 AESA 方向图的影响已在 2.3.4 节进行讨论。图 2.19 给出了 30dB 泰勒加权的总方向图扫

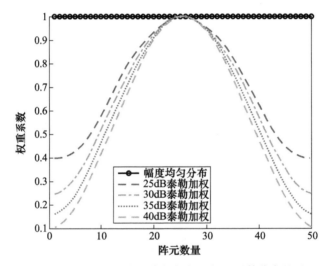

图 2.17 幅度均匀分布和泰勒加权下权重系数分布的对比

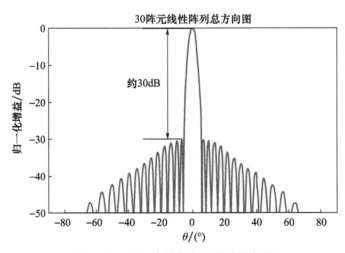

图 2.18 30dB 泰勒加权后的总方向图

描到60°的情况,并与图2.16对比,可知泰勒加权后的副瓣电平低于主瓣约26dB,而在幅度均匀加权情况下仅为10dB。

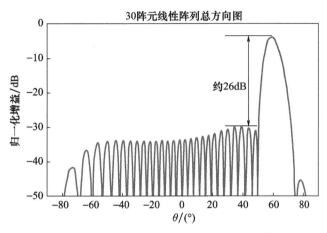

图2.19 阵列扫描到60°的泰勒加权总方向图

2.4.2 频率影响分析

随着AESA工作频率的改变,波束宽度和副瓣会随之变化。如前所述,波束宽度与频率成反比。在实际应用中,AESA根据要求工作在某个频率范围内。当频率在工作频带上发生变化时,波束宽度将发生变化。高频时,波束宽度最小;低频时,波束宽度最大。图2.20给出了一维AESA在三个不同频率下的方向图,说明了波束宽度与频率的变化关系。图2.20采用了幅度均匀加权,突出波束形状和副瓣位置与宽度的变化。

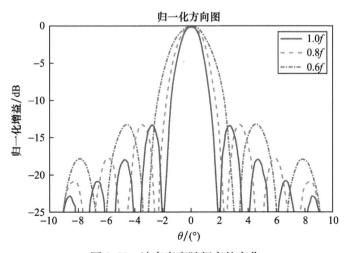

图2.20 波束宽度随频率的变化

2.4.3 扫描角度影响分析

AESA 的最大特点之一是电扫描波束的能力。电扫描的重要影响是 EP 的幅度包络会导致阵列方向图增益损失；同时，还会造成主瓣的展宽。当波束扫描时，波束主瓣以 $\dfrac{1}{\cos\theta}$ 的速率展宽，会造成主瓣空间覆盖的变化。图 2.21 给出了几种不同电扫描角度下的 AESA 方向图，可见主瓣宽度随着电扫角度增加而展宽。

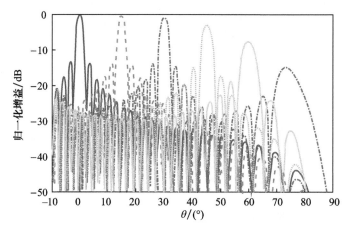

图 2.21 波束随扫描角度的增大而展宽（见彩插）

2.5 共形阵列[①]

涉及共形相控阵的应用，对于平面相控阵的常规建模不再适用。为了从方向图、副瓣电平和增益方面描述共形阵列，需要理解如何对一个非平面阵列建模。由于共形阵列中每个阵元的阵元方向图指向不同的方向，每个阵元对主瓣和副瓣的能量贡献也不同，因此其对方向图产生影响。

2.5.1 线阵方向图

为了理解方向图公式如何应用于共形阵列，采用更通用的方向图表达式：

$$F(\boldsymbol{r}) = \sum_{i}^{N} a_i \mathrm{EP}_i(\theta,\phi)\, \mathrm{e}^{\mathrm{j}k\boldsymbol{r}_i\cdot\hat{\boldsymbol{r}}} \qquad(2.29)$$

式(2.29)是对阵列中的所有阵元求和，其中，N 为阵元的数量，a_i 为阵元的

---

① 本节基于作者和 Sumati Rajan 博士向 Daniel Boeringer 博士咨询后撰写的技术备忘录。

幅度，EP_i 为阵元方向图，相位为 $k\boldsymbol{r}_i\cdot\hat{\boldsymbol{r}}$，$k$ 为自由空间的波数，$\boldsymbol{r}_i$ 为阵元的位置矢量，$\hat{\boldsymbol{r}}$ 为空间单位矢量。注意上式中并未对阵元进行移相，即并未对天线波束进行扫描。考虑波束扫描的情况，将新的相位项添加到式(2.29)中，得到

$$F(\boldsymbol{r}) = \sum_i^N a_i \mathrm{EP}_i(\theta,\phi)\, \mathrm{e}^{\mathrm{j}k\boldsymbol{r}_i\cdot\hat{\boldsymbol{r}}}\mathrm{e}^{-\mathrm{j}k\boldsymbol{r}_i\cdot\hat{\boldsymbol{r}}_0} \qquad (2.30)$$

式中：$\hat{\boldsymbol{r}}_0$ 为单位扫描矢量，对应天线波束的空间扫描方向。式(2.30)第二个指数项中的相位代表了 AESA 中移相器设置的相位。在分析平面阵列时，式(2.30)中的阵元方向图 EP_i 可作为公因子移到求和之外。

图 2.22 描述了由 N 个阵元组成的平面线性阵列，用于说明平面阵列的阵元方向图作为公因子是可分离的。图 2.22 中每个阵元的法线指向相同的方向，每个阵元的方向图是相同的。因此，式(2.30)可以修改为

$$F(\boldsymbol{r}) = \mathrm{EP}(\theta,\phi)\sum_i^N a_i \mathrm{e}^{\mathrm{j}k\boldsymbol{r}_i\cdot\hat{\boldsymbol{r}}}\mathrm{e}^{-\mathrm{j}k\boldsymbol{r}_i\cdot\hat{\boldsymbol{r}}_0} \qquad (2.31)$$

式(2.31)是阵列方向图乘法方程，其中阵列方向图等于阵元方向图与阵列因子的乘积。对于大多数阵列应用，阵元方向图(EP)假定为余弦函数，其幂次称为阵元因子(EF)，如式(2.32)所示：

$$\mathrm{EP}(\theta,\phi) = \cos^{\frac{\mathrm{EF}}{2}}\theta \qquad (2.32)$$

式(2.32)假设阵列中的阵元位于 xy 平面，z 方向垂直于阵列平面。

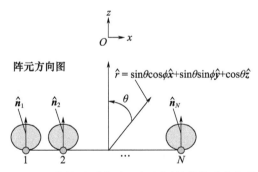

图 2.22　线性阵列中阵元方向图的单位法向矢量

为了便于理解阵元方向图如何应用于共形阵列，将阵元方向图改用不同的形式表示，如式(2.33)所示：

$$\mathrm{EP}(\theta,\varphi) = (\hat{\boldsymbol{n}}\cdot\hat{\boldsymbol{r}})^{\frac{\mathrm{EF}}{2}} \qquad (2.33)$$

式(2.33)未假定阵列指向。当 $\hat{\boldsymbol{n}} = \hat{\boldsymbol{z}}$ 时，结合 $\hat{\boldsymbol{r}}$ 定义 $\sin\theta\cos\phi\hat{\boldsymbol{x}} + \sin\theta\sin\phi\hat{\boldsymbol{y}} + \cos\theta\hat{\boldsymbol{z}}$，由式(2.33)可推导出式(2.32)。对于每个阵元而言，式(2.33)的法向矢量垂直于阵列平面。

2.5.2 共形阵列方向图

当对共形阵列建模时,式(2.31)不再适用。因为阵列中的每个阵元的法线都指向不同的方向,所以阵元方向图不能作为公因子从式(2.30)中提取,如图2.23所示。为了便于计算,必须确定每个阵元的法线,以便正确地计算出天线图。一旦知道了法线方向,就可以将其代入式(2.33),计算出每个独立阵元的阵元方向图。将式(2.33)代入式(2.30),得到天线方向图的以下表达式:

$$F(\boldsymbol{r}) = \sum_i^N a_i (\hat{\boldsymbol{n}}_i \cdot \hat{\boldsymbol{r}})^{\frac{EF}{2}} e^{jkr_i \cdot \hat{\boldsymbol{r}}} e^{-jkr_i \cdot \hat{\boldsymbol{r}}_0} \quad (2.34)$$

式(2.34)表明,对于(θ,ϕ)空间中的每个角度,每个阵元对方向图的贡献都不同,如图2.23所示。在视轴方向上,每个阵元在方向图上的取值都与相邻阵元不同,对合成方向图的贡献也不同。

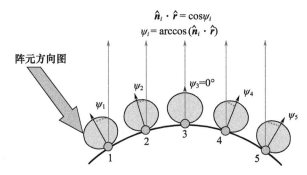

图2.23 无扫描(视轴方向)状态下,每个阵元对共形阵列方向图的贡献不同

2.5.3 示例

2.5.3.1 一维共形阵列

使用式(2.34)计算 xz 平面内的弯曲线源的阵列方向图。假设阵元分布在任意半径为 R 的圆弧上,如图2.23所示。简便起见,假定阵元因子 EF 为1,且幅度权值 a_i 均匀分布,即 $a_i = 1$。表2.1列出了式(2.34)中各变量的简化表达式。值得注意的是,表2.1中天线阵元单位法向矢量 $\hat{\boldsymbol{n}}_i$ 的表达式仅适用于本示例的几何分布;对于其他曲率情况,该表达式必须进行相应的修改。将表2.1中的表达式代入式(2.34),得到

$$F(\boldsymbol{r}) = \sum_i^N \cos\psi_i \cdot e^{jk[x_i(\sin\theta - \sin\theta_0) + z_i(\cos\theta - \cos\theta_0)]} \quad (2.35)$$

其中,$\cos\psi_i$ 展开如下:

$$\cos\psi_i = \hat{\pmb{n}}_i \cdot \hat{\pmb{r}} = \frac{x_i\sin\theta + z_i\cos\theta}{\sqrt{x_i^2 + z_i^2}} \tag{2.36}$$

结合式(2.36)和式(2.35)可计算出阵列方向图。

表 2.1 xz 平面弯曲线源阵列方向图方程中的参数变量

参数变量	简化表达式
EF	1
a_i	1(对所有 i)
$\hat{\pmb{r}}$	$\sin\theta\hat{\pmb{x}} + \cos\theta\hat{\pmb{z}}$
$\hat{\pmb{r}}_0$	$\sin\theta_0\hat{\pmb{x}} + \cos\theta_0\hat{\pmb{z}}$
$\hat{\pmb{r}}_i$	$x_i\hat{\pmb{x}} + z_i\hat{\pmb{z}}$
$\hat{\pmb{n}}_i$	$\dfrac{\hat{\pmb{r}}_i}{|\hat{\pmb{r}}_i|}$

2.6 二维阵列方向图表达式的推导

2.5.1 节推导出了一维 AESA 方向图的表达式。大多数 AESA 基本概念都可以从一维表达式推导出来。在实际工程中,大多数 AESA 都是二维阵列,而2.5.1 节所阐述的理论也可以推广到二维情况。图 2.24 给出了二维 AESA 阵列示意图。AESA 天线阵元位于 xy 平面上,并假定辐射方向为 z 方向。稍后将讨论,这个坐标方向与传统的天线坐标的方向相同。假定每个阵元都配置一个移相器或一个时延模块以进行波束电扫描,并通过阵列流形对每个阵元的贡献进行相干叠加。

在 2.2.1 节中,一维阵列中的阵元间距用 d 表示。在二维阵列情况下,必须指定两个阵元间距值。其中, x 轴向的阵元间距用 d_x 表示, y 轴向的阵元间距用 d_y 表示。 x 轴向的阵元个数用 M 表示(与 2.2.1 节相同), y 轴向的阵元个数用 N 表示。阵列的总阵元数量为 MN。那么,阵元在阵列中的位置可表示为

$$x_m = [m - 0.5(M + 1)]d_x \quad (m = 1,2,\cdots,M) \tag{2.37}$$

$$y_n = [n - 0.5(N + 1)]d_y \quad (n = 1,2,\cdots,N) \tag{2.38}$$

通过式(2.37)和式(2.38)可定义相位中心位于(0,0)的矩形栅格阵列。在式(2.37)和式(2.38)中使用的标引并不是唯一的,因为阵元间距可以根据不同的相位中心位置来进行不同的设定。

2.5.1 节中已给出一维阵因子(AF)的表达式为

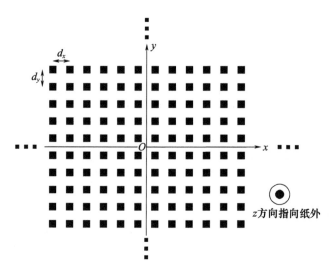

图 2.24 二维 AESA 阵列示意图

$$\mathrm{AF} = \sum_{m=1}^{M} A_m \mathrm{e}^{\mathrm{j}\left(\frac{2\pi}{\lambda} x_m \sin\theta\right)} \tag{2.39}$$

对阵列在 y 方向扩展,形成的二维阵列 AF 表达式如下:

$$\mathrm{AF} = \sum_{l=1}^{M \cdot N} C_l \mathrm{e}^{\mathrm{j}\left(\frac{2\pi}{\lambda} x_l \sin\theta\cos\phi + \frac{2\pi}{\lambda} y_l \sin\theta\sin\phi\right)} \tag{2.40}$$

式中:C_l 为复电压,可以表示为 $C_l = c_l \mathrm{e}^{\mathrm{j}\Theta_l}$。将 $\Theta_l = -\left(\frac{2\pi}{\lambda} x_l \sin\theta_0 \cos\phi_0 + \frac{2\pi}{\lambda} y_l \sin\theta_0 \sin\phi_0\right)$ 代入式(2.40),得

$$\mathrm{AF} = \sum_{l=1}^{M \cdot N} c_l \mathrm{e}^{\mathrm{j}\left[\left(\frac{2\pi}{\lambda} x_l \sin\theta\cos\phi + \frac{2\pi}{\lambda} y_l \sin\theta\sin\phi\right) - \left(\frac{2\pi}{\lambda} x_l \sin\theta_0 \cos\phi_0 + \frac{2\pi}{\lambda} y_l \sin\theta_0 \sin\phi_0\right)\right]} \tag{2.41}$$

将 $c_l = a_l b_l$ 代入式(2.41),并重新整理如下:

$$\mathrm{AF} = \sum_{l=1}^{M \cdot N} a_l \mathrm{e}^{\mathrm{j}\left[\frac{2\pi}{\lambda} x_l \sin\theta\cos\phi - \frac{2\pi}{\lambda} x_l \sin\theta_0 \cos\phi_0\right]} b_l \mathrm{e}^{\mathrm{j}\left[\frac{2\pi}{\lambda} y_l \sin\theta\sin\phi - \frac{2\pi}{\lambda} y_l \sin\theta_0 \cos\phi_0\right]} \tag{2.42}$$

假定对于每行(第 n 行),a_l 是常数,对于每列(第 m 列),b_l 是常数,则式(2.42)可以写为

$$\mathrm{AF} = \sum_{m=1}^{M} a_m \mathrm{e}^{\mathrm{j}\left(\frac{2\pi}{\lambda} x_m \sin\theta\cos\phi - \frac{2\pi}{\lambda} x_m \sin\theta_0 \cos\phi_0\right)} \sum_{n=1}^{N} b_n \mathrm{e}^{\mathrm{j}\left(\frac{2\pi}{\lambda} y_n \sin\theta\sin\phi - \frac{2\pi}{\lambda} y_n \sin\theta_0 \cos\phi_0\right)} \tag{2.43}$$

式(2.43)成立条件为权重可分离,即二维 AF 可以通过 x 轴向和 y 轴向的两个一维 AF 相乘来计算。对于不可分离的加权,如圆形加权,式(2.43)不再适用,而应采用式(2.41)。二维阵列总方向图为

$$F(\theta,\phi) = \cos^{\frac{\mathrm{EF}}{2}}\theta \sum_{l=1}^{M \cdot N} c_l \mathrm{e}^{\mathrm{j}\left[\left(\frac{2\pi}{\lambda} x_l \sin\theta\cos\phi + \frac{2\pi}{\lambda} y_l \sin\theta\sin\phi\right) - \left(\frac{2\pi}{\lambda} x_l \sin\theta_0 \cos\phi_0 + \frac{2\pi}{\lambda} y_l \sin\theta_0 \sin\phi_0\right)\right]} \tag{2.44}$$

2.6.1 AESA 空间坐标系

在计算 AESA 的空间方向图时,需清楚采用何种坐标系。根据应用场景的不同,有些坐标系可能比其他坐标系更有优势。图 2.25 给出了在三维空间中的二维 AESA。为了方便,AESA 位于 xy 平面上,并向 z 方向辐射。z 方向称为前半球,$-z$ 方向称为后半球。图 2.25 中点 R 对应矢量的起点为空间坐标原点 $(0,0,0)$,且与 AESA 波束扫描方向重合。位于 xy、yz 和 xz 平面上的虚线,是点 R 在平面上的投影。该图可作为理解其他坐标系的基础。在下面的坐标系中,用一组对应的角度表征空间中的任意一点,这些角度用于描述 AESA 方向图的空间分布,方向图与性能相对应。

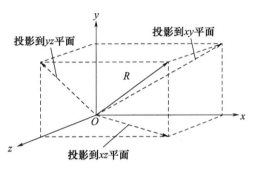

图 2.25 在三维空间中表征二维 AESA 的坐标系,假定 AESA 位于 xy 平面上[6]

2.6.2 天线坐标系

图 2.26 描述了通常的天线坐标系。在该坐标系中,空间中每个点 R 都由角度 θ_z 和 ϕ 表示。其中,θ_z 是 z 轴与矢量 R 的夹角,ϕ 是 R 在 xy 平面上的投影与 x 轴之间的夹角。球坐标系定义非常直观。若矢量 R 对应长度设为 1,则 R 可表示为 $R = (\sin\theta_z\cos\phi, \sin\theta_z\sin\phi, \cos\theta_z)$。例如,当 AESA 的主波束扫描到仰角 45°时,对应的 $\theta_z = 45°$,$\phi = 90°$,如图 2.27 所示。同时图 2.27 给出了 $\theta_z = 45°$时

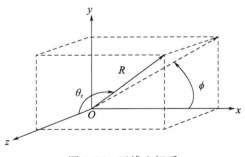

图 2.26 天线坐标系

的另外两种不同扫描状态。波束在 xz 平面内扫描（$\phi=0°$）称为方位扫描,波束在 yz 平面内扫描（$\phi=90°$）称为俯仰扫描。

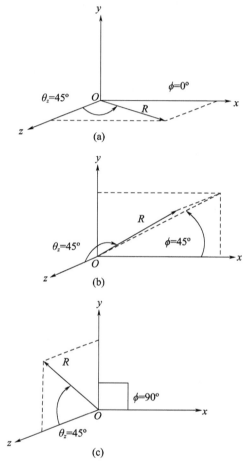

图 2.27　天线坐标系 $\theta_z=45°$ 条件下的三种扫描情况：$\phi=0°$，$\phi=45°$，$\phi=90°$
（a）方位扫描；（b）对角扫描；（c）俯仰扫描。

表 2.2 列出了三种不同扫描状态的 θ_z 和 ϕ 值。当 θ_z 保持不变时,会在空间形成一个顶点为 $z=0$ 的圆锥,圆锥底面平行于 xy 平面,称为扫描锥角。将图 2.27 绕 z 轴旋转,并沿垂直于 xy 平面方向观察,矢量 $\boldsymbol{R}$ 端点将形成一个圆迹。

表 2.2　不同扫描类型对应的天线坐标系角度值

扫描类型	θ_z	ϕ
方位扫描	$0°\sim90°$	$0°,180°$
对角扫描	$0°\sim90°$	$45°,135°,225°,315°$
俯仰扫描	$0°\sim90°$	$90°,270°$

2.6.3 雷达坐标系

图 2.28 定义了雷达坐标系所采用的空间角度。与天线坐标系类似,在三维空间中定义一个点需要两个角度 θ_{AZ} 和 θ_{EL}。其中,θ_{AZ} 被定义为矢量 $\boldsymbol{R}$ 在 xz 平面上的投影与 z 轴的夹角。θ_{EL} 被定义为原点到矢量 $\boldsymbol{R}$ 和 xz 平面的夹角。下面采用与 2.6.2 节相同的示例,波束扫描到 45°仰角对应的 θ_{AZ} 值和 θ_{EL} 值。图 2.29 给出了 $\theta_{AZ}=0°$ 和 $\theta_{EL}=45°$ 的例子,对于雷达而言,该坐标系比天线坐标系更直观。在雷达系统中,AESA 主瓣通常以某种栅格方式进行扫描,其中波束以行和列的形式对空间进行覆盖。图 2.30 给出了波束在方位和俯仰角度进行栅格扫描的示例,每行对应一个方位扫描,即 θ_{EL} 为常数,θ_{AZ} 是变化的。这种应用场景适合采用雷达坐标系表征。

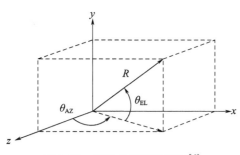

图 2.28 雷达坐标系示意图[6]

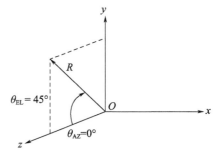

图 2.29 雷达坐标系中仰角
扫描至 45°示意图

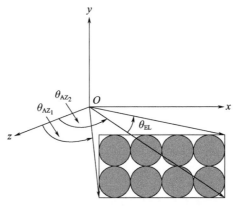

图 2.30 AESA 波束栅格扫描示意图[6]

2.6.4 天线锥角坐标系

图 2.31 给出了天线锥角坐标系的定义。在该坐标系中,空间中任意一点

通过两个角度 θ_A 和 θ_E 进行表征。其中 θ_A 定义为矢量 R 在 yz 平面上的投影与矢量 R 的夹角，θ_E 定义为矢量 R 和 xz 平面之间的角，该定义中 $\theta_E = \theta_{EL}$（雷达坐标）。

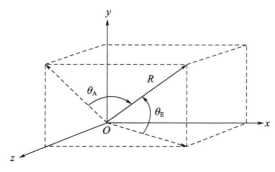

图 2.31　天线锥角坐标系示意图[6]

前面提到的任意一种坐标系都可以用于计算 AESA 的空间坐标。在实际应用中，天线工程师可能会使用与系统工程师不同的坐标系。因此，需要在不同坐标系统之间进行角度变换，确保坐标系在需求分解和系统性能评估过程中保持一致性。表 2.3~表 2.5 总结了天线坐标系、雷达坐标系和天线锥角坐标系之间的变换关系。

表 2.3　给定天线坐标系角度下的角度变换

坐标系分类	θ_z	ϕ
雷达坐标系	θ_{AZ}	$\arctan\left(\dfrac{\sin\theta_z\cos\phi}{\cos\theta_z}\right)$
	θ_{EL}	$\arcsin(\sin\theta_z\sin\phi)$
天线锥角坐标系	θ_A	$\arcsin(\sin\theta_z\cos\phi)$
	θ_E	$\arcsin(\sin\theta_z\sin\phi)$

表 2.4　给定雷达坐标系角度下的角度变换

坐标系分类	θ_{AZ}	θ_{EL}
天线坐标系	θ_z	$\arccos(\cos\theta_{AZ}\cos\theta_{EL})$
	ϕ	$\arctan\left(\dfrac{\sin\theta_{EL}}{\sin\theta_{AZ}\cos\theta_{EL}}\right)$
天线锥角坐标系	θ_A	$\arcsin(\sin\theta_{AZ}\cos\theta_{EL})$
	θ_E	θ_{EL}

表 2.5 给定天线锥角坐标系角度下的角度变换

坐标系分类	θ_A	θ_E
天线坐标系	θ_z	$\arcsin(\sqrt{\sin^2\theta_A - \sin^2\theta_E})$
	ϕ	$\arctan\left(\dfrac{\sin\theta_E}{\sin\theta_A}\right)$
雷达坐标系	θ_{AZ}	$\arcsin\left(\dfrac{\sin\theta_A}{\cos\theta_E}\right)$
	θ_{EL}	θ_E

2.6.5 正弦空间表征

使用角坐标系对 AESA 建模的另一种方法是正弦空间表征。正弦空间就是三维空间在二维平面上的半球面投影。图 2.32 显示了三维空间是如何映射到二维空间的。正弦空间由 u、v、w 三个变量进行表征。这些变量使用前面讨论过

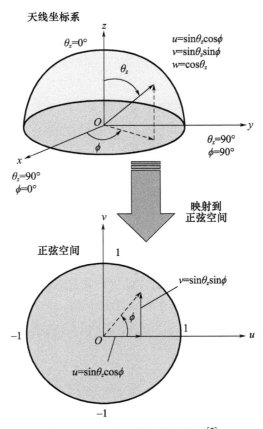

图 2.32 正弦空间表征示意图[7]

的三个角坐标系中的任何一个来计算,其中天线坐标系可以提供非常直观的比较,将在下面的讨论中详细阐述。从角坐标系到正弦空间的变换如表2.6所列。正弦空间的表达式如下:

$$u = \sin\theta_z \cos\phi \tag{2.45}$$

$$v = \sin\theta_z \sin\phi \tag{2.46}$$

$$w = \cos\theta_z \tag{2.47}$$

表2.6 从角坐标系到正弦空间的变换

正弦空间	天线坐标系(θ_z,ϕ)	雷达坐标系(θ_{AZ},θ_{EL})	天线锥角坐标系(θ_A,θ_E)
u	$\sin\theta_z \cos\phi$	$\sin\theta_{AZ} \cos\theta_{EL}$	$\sin\theta_A$
v	$\sin\theta_z \sin\phi$	$\sin\theta_{EL}$	$\sin\theta_E$
w	$\cos\theta_z$	$\cos\theta_{AZ} \cos\theta_{EL}$	$\cos\left[\arcsin\left(\dfrac{\sin\theta_A}{\cos\theta_E}\right)\right]\cos\theta_E$

以上表达式是 x、y 和 z 在球坐标系下的传统表达式。利用式(2.45)~式(2.47),二维AF的简化形式可以写为

$$AF = \sum_{l=1}^{M \cdot N} c_l e^{j\left[\left(\frac{2\pi}{\lambda}x_l u + \frac{2\pi}{\lambda}y_l v\right) - \left(\frac{2\pi}{\lambda}x_l u_0 + \frac{2\pi}{\lambda}y_l v_0\right)\right]} \tag{2.48}$$

AF在正弦空间的特征如下:
(1)波束宽度恒定,与扫描角度无关;
(2)扫描波束在正弦空间的峰值与(0,0)的距离为 $\sin\theta_z$;
(3)对于前半球,u 和 v 取值范围为 $-1\sim1$,w 的取值范围为 $0\sim1$。

对于平面阵列,式(2.48)中的指数没有 z 分量,所以 w 无贡献。对于二维非平面阵列,则必须考虑 w。

2.6.6 AESA阵元栅格

AESA由按照一定间隔排布的天线阵元组成。如前所述,对一维线性阵列的分析表明,波束栅瓣源自AF的周期性属性,并且是阵元间距的函数。对于二维阵列布局,波束栅瓣与阵元间距存在相同的关系,不过在 x 和 y 两个维度上都存在栅瓣。阵列栅格布局主要包含矩形栅格和三角栅格两种,其中三角栅格布局具有独特的属性。下面将分别进行详细阐述。

2.6.6.1 矩形栅格

图2.33给出了在 x 和 y 两个维度等间距排列的矩形栅格布局。与一维排布情况类似,现在需要一个表达式确定由于 y 维度上的阵元排列而产生的栅瓣。栅瓣的方程表示如下[3]:

$$u_m = u_0 + m\frac{\lambda}{d_x} \quad (m = 0, \pm 1, \pm 2, \cdots)$$
$$v_n = v_0 + n\frac{\lambda}{d_y} \quad (n = 0, \pm 1, \pm 2, \cdots)$$
(2.49)

其中,u_m 和 v_n 存在以下关系:

$$\cos\theta_{mn} = (1 - u_m^2 - v_n^2)^{\frac{1}{2}}$$
$$u_m^2 + v_n^2 \leq 1$$
(2.50)

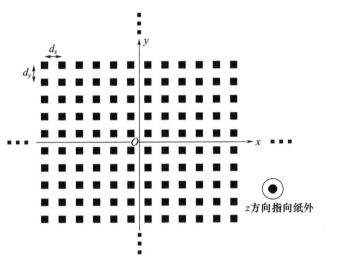

图 2.33 二维 AESA 矩形栅格布局

图 2.34 给出了间距分别为 d_x 和 d_y 的二维矩形栅格在正弦空间中的栅瓣位置。在图 2.34 中,单位圆内的阴影区域称为可见空间。因为半径为 1 的圆对应于 $\theta = 90°$ 的圆,即代表前半球的空域范围。在式(2.49)中,u_0 对应主瓣,在视轴方向($\theta_0 = 0°$,$\phi_0 = 0°$)的值为 0。当主瓣进行电扫时,栅瓣的位置以固定偏移量随主瓣移动,偏移量与 $\frac{\lambda}{d}$ 的整数倍成正比,如图 2.35~图 2.37 所示。三幅图分别给出了 $d_x = d_y = \frac{\lambda}{4}$,$\frac{\lambda}{2}$,$\lambda$ 不同间距情况下的波束主瓣和相应栅瓣的位置分布,同时图中叠加了视轴指向条件下的栅瓣位置。在所有情况下,当主瓣进行电扫时,栅瓣也会随之移动。当阵元间距大于半波长时,栅瓣在某特定角度会出现在可见空间;相反,如果阵元间距小于半波长,则栅瓣出现区域与主瓣可见区域之间就会增大间隔。这种情况下阵元数量会增加,意味着需要更多的电子器件,从而导致 AESA 成本增加。

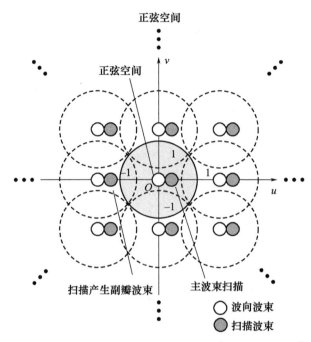

图 2.34　阵元半波长间距的矩形栅格的栅瓣分布示意图[8]

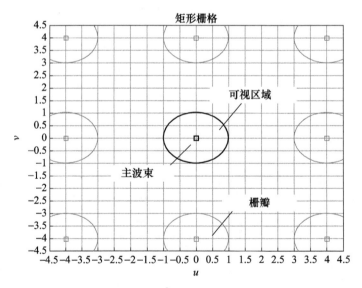

图 2.35　阵元间距 $d_x = d_y = \dfrac{\lambda}{4}$ 的矩形栅格的栅瓣分布示意图[8]

可见空间中可扫描主瓣的区域称为无栅瓣扫描区域。以栅瓣为圆心画单位圆为例。此栅瓣圆与可见空间不相交的区域对应无栅瓣扫描区域。图 2.38 和图 2.39 说明了阵元间距与无栅瓣扫描区域的关系。在图 2.38 中，无栅瓣扫描

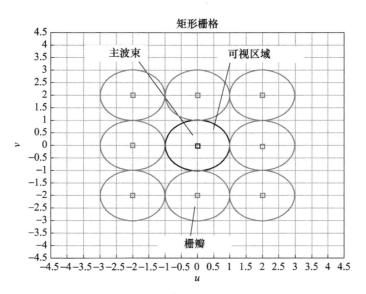

图 2.36　阵元间距 $d_x = d_y = \dfrac{\lambda}{2}$ 的矩形栅格的栅瓣分布示意图

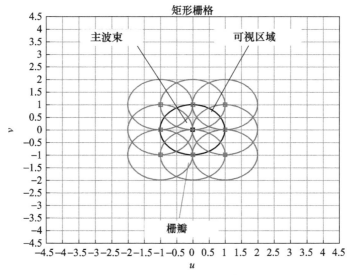

图 2.37　阵元间距 $d_x = d_y = \lambda$ 的矩形栅格的栅瓣分布示意图

区域是整个单位圆或整个可见空间。AESA 波束可在可见空间的任意地方电扫,而不会在此区域出现栅瓣。在图 2.39 中,情况并非如此。对于较大的阵元间距,无栅瓣扫描区域被限制在可见空间的一部分。对于主瓣与相应栅瓣的单位圆重叠区域所对应的扫描角度,在实空间将会出现栅瓣。只有在单位圆没有重叠的区域,AESA 波束才能够在不出现栅瓣的情况下进行扫描,如图 2.39 中阴影区域所示。另外,AESA在对角平面上可扫描更大的角度,因为主瓣与对角栅瓣的对角距离为 $\sqrt{2}\dfrac{\lambda}{d}$。对于图 2.39 中无栅瓣扫描区域的应用,不需要半波长间隔就减少了阵元数量,可节省电子部分成本。

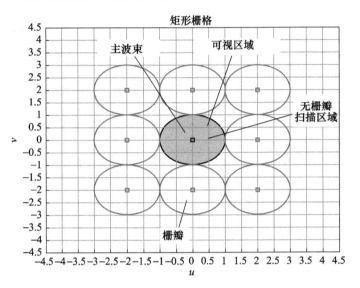

图 2.38　阵元间距 $d_x = d_y = \dfrac{\lambda}{2}$ 的矩形栅格阵列对应方位与俯仰切面最大 90°扫描的无栅瓣扫描区域

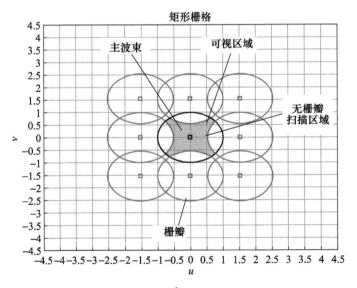

图 2.39　阵元间距 $d_x = d_y = \dfrac{\lambda}{1.866}$ 的矩形栅格阵列对应方位与俯仰切面最大 60°扫描的无栅瓣扫描区域

2.6.6.2 三角栅格

图 2.40 给出了三角栅格阵列布局示意图。在 2.6.6.1 节中,提到通过采用大于半波长的阵元间距来减少阵元数量,进而降低成本。三角栅格布局在保持扫描性能的同时减少了阵元数量。对于矩形栅格,每个阵元的面积为 $d_x \cdot d_y$;对于三角栅格,每个阵元的面积为 $2d_x \cdot d_y$。对于固定孔径面积,采用三角栅格布局可以减少阵元数量。进一步的研究表明,在相同的栅瓣抑制条件下,矩形栅格布局会比三角栅格布局多出 16% 的阵元数量[9]。

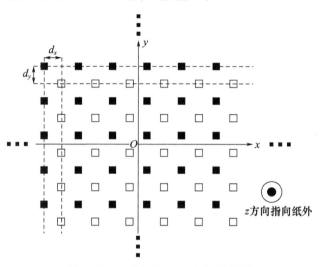

图 2.40 三角栅格阵列布局示意图

采用图 2.40 所示的阵元间距定义,栅瓣的表达式如下[9]:

$$\begin{cases} u_m = u_0 + m\dfrac{\lambda}{2d_x}, \quad v_n = v_0 + n\dfrac{\lambda}{2d_y} \\ m, n = 0, \pm 1, \pm 2, \cdots \\ m + n \text{ 为偶数} \end{cases} \quad (2.51)$$

式(2.51)的推导参见附录 C。使用式(2.51)中的表达式可以计算出无栅瓣扫描区域图,与 2.6.6.1 节中的图类似。图 2.41 给出了三角栅格布局的无栅瓣扫描区域。可见在正弦空间中,栅瓣指向分布和阵元栅格布局一样以三角形方式排列,三角栅格布局可以提供更佳的扫描区域。

2.6.7 二维 AESA 方向图综合

二维 AESA 阵列因子的表达式如下:

$$\mathrm{AF} = \sum_{l=1}^{M \cdot N} c_l \mathrm{e}^{\mathrm{j}\left[\left(\frac{2\pi}{\lambda}x_l u + \frac{2\pi}{\lambda}y_l v\right) - \left(\frac{2\pi}{\lambda}x_l u_0 + \frac{2\pi}{\lambda}y_l v_0\right)\right]} \quad (2.52)$$

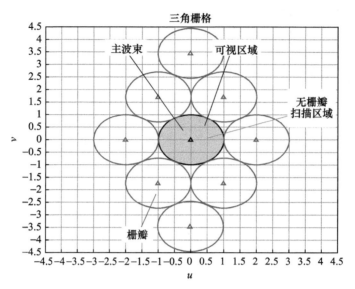

图 2.41 阵元间距 $d_x = d_y = \dfrac{\lambda}{1.866}$ 的三角栅格阵列对应方位与俯仰切面最大 60°扫描的无栅瓣扫描区域(见彩插)

因此,二维 AESA 方向图的完整表达如下:

$$F(\theta,\phi) = \cos^{\frac{EF}{2}}\theta \cdot \sum_{l=1}^{M \cdot N} c_l e^{j\left[\left(\frac{2\pi}{\lambda}x_l u + \frac{2\pi}{\lambda}y_l v\right) - \left(\frac{2\pi}{\lambda}x_l u_0 + \frac{2\pi}{\lambda}y_l v_0\right)\right]} \quad (2.53)$$

本章其余部分将采用正弦空间表征方向图,借助表 2.6 给出的正弦空间到角度空间的变换公式,很容易生成等效角度空间图。以下三个小节将给出二维 AESA 的方向图,采用小于半波长的阵元间距,便于分析电扫角度超过 60°时的副瓣效应。

2.6.7.1 理想方向图

使用式(2.53)给出的理想方向图有助于为 AESA 的扫描性能提供高置信度的评估。理想方向图尽管存在误差的影响,但为 AESA 设计提供了初始基础。幅度和相位误差主要影响副瓣电平。由大规模阵元构成的 AESA 优势在于,其主瓣保持相对不变。即使在考虑误差的情况下,AESA 的主瓣波束也能保持良好的性能。

图 2.42 和图 2.43 分别给出了在雷达坐标系和正弦坐标系中的视轴天线方向图(无电扫描)。图 2.44 给出了主切面和对角切面的电扫描天线方向图。图 2.45 给出了电扫角度大于 60°的方向图,对应的阵元间距无法满足扫描角度大于 60°而不出现栅瓣,因此出现栅瓣。为了避免出现这种情况,阵元间距必须满足第 1 章给出的阵元间距公式且留有余量。

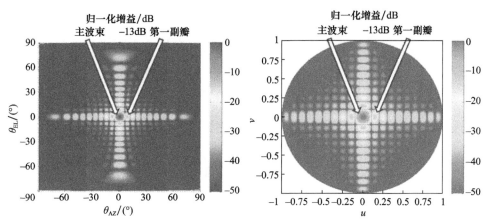

图 2.42 雷达坐标系中的视轴
天线方向图(无电扫描)(见彩插)

图 2.43 正弦坐标系中的视轴
天线方向图(无电扫描)(见彩插)

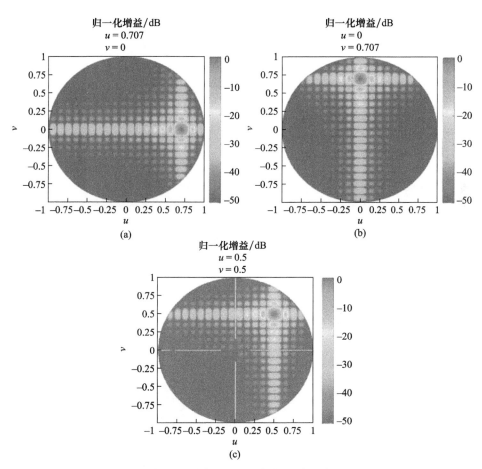

图 2.44 主切面和对角切面的电扫描天线方向图(见彩插)
(a)方位扫描;(b)俯仰扫描;(c)对角切面扫描。

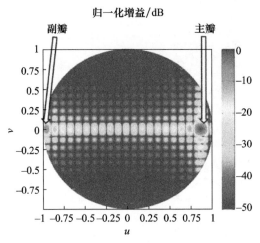

图 2.45 电扫角度大于 60°时会完整地出现栅瓣(见彩插)

图 2.46 给出了阵列在幅度均匀分布和 30dB 泰勒加权两种情况下的副瓣电平(SLL)对比。可见,幅度加权对低 SLL 的应用是一种有效的设计方法。幅度

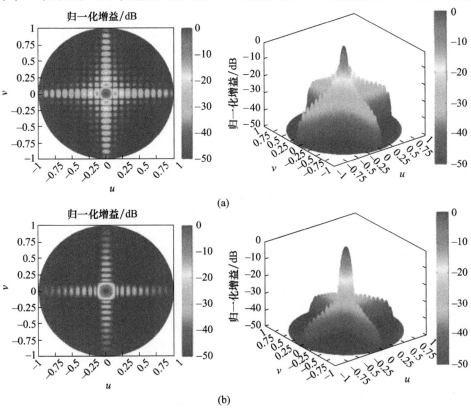

图 2.46 阵列在幅度均匀分布和 30dB 泰勒加权两种情况下的副瓣电平对比(见彩插)
(a)均匀加权;(b)30dB 泰勒加权。

加权一方面可以降低 SLL,另一方面会增加波束宽度和降低主瓣增益。其中,增益的损失称为锥削损失[3],表示为

$$\text{TL} = \frac{\left|\sum c_l\right|^2}{n\sum |c_l|^2} \tag{2.54}$$

式中:n 为阵元数量;c_l 为式(2.53)中的幅度权重。

2.7 圆形栅格 AESA 方向图

图 2.47 给出了圆形栅格 AESA 阵列示意图。该阵列由若干个环形阵列构成,每个环的半径都是恒定的,记为 r_{k,p_k},其中 k 表示一个特定的环,p_k 表示第 k 个环上的阵元数量。在图 2.47 中,离原点最近的第一个环表示为 $k=1$,离原点最远的环表示为 $k=4$。每个环上的阵元之间的角间距固定,并用 $\Delta\phi_k$ 表示第 k 个环上的阵元角间距。

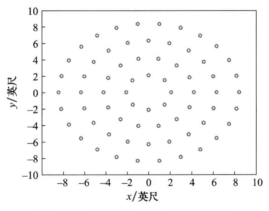

图 2.47 圆形栅格 AESA 阵列示意图

(相邻环之间的间距大约为 $\frac{\lambda}{2}$,每个环上相邻阵元的间距大约为 $\frac{\lambda}{2}$)

虽然圆形栅格与矩形栅格不同,但其方向图的计算仍然遵循式(2.53)。不同之处是,用表示阵元总数的 M_{circular} 替代乘积 $M \cdot N$,如下所示:

$$F(\theta,\phi) = \cos^{\frac{\text{EF}}{2}}\theta \cdot \sum_{l=1}^{M_{\text{circular}}} c_l e^{j\left[\left(\frac{2\pi}{\lambda}x_l u + \frac{2\pi}{\lambda}y_l v\right) - \left(\frac{2\pi}{\lambda}x_l u_0 + \frac{2\pi}{\lambda}y_l v_0\right)\right]} \tag{2.55}$$

考虑上面定义的 r_{k,p_k} 和 $\Delta\phi_k$,总方向图是每个环贡献的总和,将式(2.55)重新表示如下:

$$F(\theta,\phi) = \cos^{\frac{\text{EF}}{2}}\theta \cdot \sum_{k=1}^{K}\sum_{p_k=1}^{P_k} c_{k,p_k} e^{j\left[\left(\frac{2\pi}{\lambda}x_{k,p_k}u + \frac{2\pi}{\lambda}y_{k,p_k}v\right) - \left(\frac{2\pi}{\lambda}x_{k,p_k}u_0 + \frac{2\pi}{\lambda}y_{k,p_k}v_0\right)\right]} \tag{2.56}$$

其中，$x_{k,p_k} = kr_{k,p_k}\cos[(p_k - 1)\Delta\phi_k]$，$y_{k,p_k} = kr_{k,p_k}\sin[(p_k - 1)\Delta\phi_k]$，通过调整 r_{k,p_k} 和 $\Delta\phi_k$ 保持阵元间距大约为 $\dfrac{\lambda}{1 + \sin\theta}$，如图 2.47 所示。

图 2.48 给出了图 2.47 中圆形栅格对应的二维方向图。可见，圆形栅格的副瓣分布与矩形栅格不同；圆形栅格的副瓣呈环形分布，而矩形栅格的副瓣分布在两个主切面上。第一副瓣环之外的副瓣环对应的电平不高于 25dB。此外，均匀矩形阵列的第一副瓣电平为 −13dB，而均匀圆形阵列的第一副瓣电平为 −17dB，如图 2.49 所示，该图为图 2.48 的方位切面。图 2.50 给出了扫描 60°的圆形栅格二维方向图，与矩形栅格情况类似，其副瓣随主瓣进行空间平移。图 2.51 给出了方位切面方向图，性能良好。图 2.50 中的副瓣呈环形向空间延伸，而矩形栅格的副瓣主要集中在两个主切面上。通过对圆形栅格阵列中的阵元进行幅度加权，可以进一步降低其副瓣。

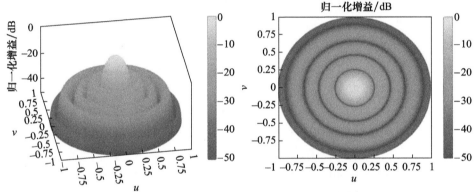

图 2.48　图 2.47 中圆形栅格对应的二维方向图，其副瓣呈环形分布，第一副瓣低于相同口径矩形栅格 AESA(见彩插)

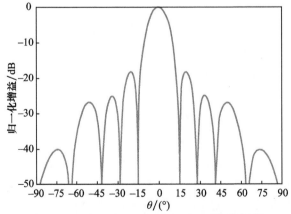

图 2.49　方位切面方向图表明，均匀圆形阵列的第一副瓣大约为 −17dB，比均匀矩形阵列小 4dB

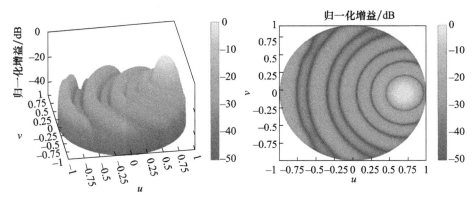

图 2.50 扫描 60°的圆形栅格二维方向图(见彩插)

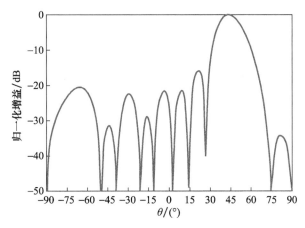

图 2.51 扫描 60°的方位切面方向图

对图 2.47 圆形栅格阵列进行幅度加权后的方向图如图 2.52 所示。图 2.53 给出了其方位切面上的方向图,与矩形栅格类似,通过采用幅度加权可以降低副

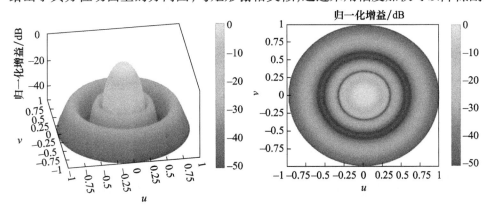

图 2.52 与矩形栅格布局类似,采用幅度加权可以降低副瓣电平。
该示例对图 2.47 阵列采用泰勒加权,权值从最内环到最外环依次降低(见彩插)

瓣。因此,采用圆形栅格布局是同时实现高增益和低副瓣的一种有效手段。然而,圆形栅格布局对于实际制造工艺更具挑战性;圆形栅格阵列的波束成形合路或分路网络布局更有难度。矩形栅格阵列除了容易复制,还易于制造。此外,圆形栅格在可扩展方面不具有吸引力,无法基于规则子阵进行拼接扩展;而对于矩形栅格,任何规模的矩形阵列都可以由规则矩形子阵构建。另一种实现圆形栅格方向图的方法是使用圆形内切的矩形栅格布局,即去掉圆形外的阵元,剩下的是保留矩形间距的六边形栅格布局,其天线方向图也呈圆形副瓣分布。

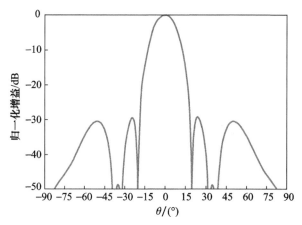

图 2.53 圆形阵列采用幅度加权后的副瓣降低效果图

2.8 倾斜 AESA 方向图

到目前为止,假定安装 AESA 的平台与 AESA 是共视轴的。对于许多安装而言,情况并非如此。AESA 自身的法线可能与安装平台的法向并不一致。2.6.1 节对天线坐标系进行了定义。在许多情况下,雷达坐标系下的视轴方向与 AESA 的视轴方向并不一致。例如,舰载雷达 AESA 可能倾斜安装以便对水平面之上区域进行最佳覆盖。此外,对于运动平台,比如颠簸海面上的船舶,AESA 可能受 x 轴、y 轴和(或)z 轴的运动影响,改变方向图在空间上的分布[10]。

图 2.54 给出了 AESA 相对 x 轴倾斜的侧视图,其中图中的 x 轴垂直于纸面。

一般用不同的定义来描述绕三个主轴的旋转。在本书中,将使用以下定义:俯仰指的是绕 x 轴的旋转,横滚指的是绕 z 轴(垂直于阵面)的旋转,偏航指的是绕 y 轴的旋转,如图 2.55 所示。每种不同的旋转,都需要进行从阵列坐标系到

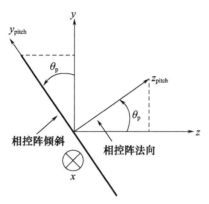

图 2.54　相对于雷达系统坐标系视轴倾斜安装 ESA 示例

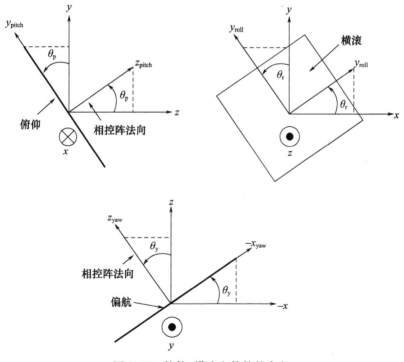

图 2.55　俯仰、横滚和偏航的定义

系统坐标系的变换,这些变换可以用旋转矩阵来描述。式(2.57)给出了横滚、俯仰和偏航的变换矩阵表达式:

$$横滚:\bm{R} = \begin{vmatrix} \cos\theta_r & -\sin\theta_r & 0 \\ \sin\theta_r & \cos\theta_r & 0 \\ 0 & 0 & 1 \end{vmatrix}$$

$$\text{俯仰}: \boldsymbol{P} = \begin{vmatrix} 1 & 0 & 0 \\ 0 & \cos\theta_p & \sin\theta_p \\ 0 & -\sin\theta_p & \cos\theta_p \end{vmatrix}$$

$$\text{偏航}: \boldsymbol{Y} = \begin{vmatrix} \cos\theta_y & 0 & -\sin\theta_y \\ 0 & 1 & 0 \\ \sin\theta_y & 0 & \cos\theta_y \end{vmatrix} \quad (2.57)$$

在以上旋转矩阵中,假定横滚、俯仰和偏航角度方向基于右手螺旋定则。例如,对于偏航旋转,z 轴和 x 轴的单位矢量相乘生成一个 y 轴向上的单位正矢量,如图 2.56 所示。

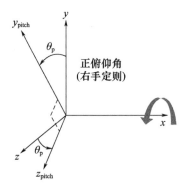

图 2.56 右手定则规定了横滚、俯仰和偏航的旋转方向

图 2.57 给出了俯仰角分别为 0°和 30°的方向图对比。由于 AESA 存在 30°仰角,方向图主瓣向上偏移 30°。使用式(2.57)中定义的矩阵可得出任意横滚角、俯仰角和偏航角的方向图。横滚、俯仰和偏航存在顺序,如 $\boldsymbol{R}\Delta\boldsymbol{P} \neq \boldsymbol{P}\Delta\boldsymbol{R}$。

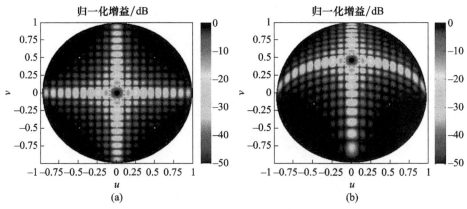

图 2.57 AESA 的方向图受俯仰的影响(见彩插)
(a)无俯仰;(b)30°俯仰。

2.9 阵列增益

天线的定向增益是特定方向上的辐射强度(单位立体角的功率)与整个空间辐射的平均功率的比值[1]。定向增益的表达式如下:

$$D(\theta,\phi) = \frac{4\pi U(\theta,\phi)}{\int_{\phi=0}^{2\pi}\int_{\theta=0}^{\pi} U(\theta,\phi)\sin\theta\mathrm{d}\theta\mathrm{d}\phi} \qquad (2.58)$$

天线的方向性系数为天线的最大定向增益值,可写为

$$D = \max(D(\theta,\phi)) \qquad (2.59)$$

定向增益的另一种常用表达式为

$$D = \frac{4\pi A}{\lambda^2} \cdot TL \qquad (2.60)$$

对于大规模阵列,采用式(2.60)计算。对于小规模阵列,式(2.59)可以给出更精确的结果。图 2.58 给出了图 2.43 中阵列方向图的总增益。利用式(2.60),方向性系数最大为 31dB,同时仿真得到的阵列增益值也为 31dB。

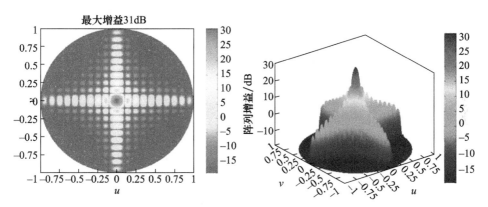

图 2.58 图 2.43 所示正弦空间中的轴向天线方向图(无电扫描)的总增益(见彩插)

参考文献

[1] Balanis,C. *Antenna Theory Analysis and Design*. John Wiley & Sons,Publishers,Inc.,1982.

[2] Holter,H.,and Steyskal,H. "On the size requirement for finite phased-array models." *IEEE Transactions on Antennas and Propagation*,pp. 836-840,2002.

[3] Mailloux,R. J. *Phased Array Antenna Handbook*. Artech House,Norwood,MA,1993.

[4] Miller,C. J. "Minimizing the effects of phase quantization errors in an electronically scanned array." *Proc. 1964 Symp. Electronically Scanned Phased Arrays and Applications*,pp. 17 -

38,1964.
- [5] Taylor, T. T. "Design of line-source antennas for narrow beamwidth and low side lobes." *Transactions of the IRE Professional Group on Antennas and Propagation*, 3:16-28,1955.
- [6] Batzel, U., Ramsey, K., and Davis, D. "Angular coordinate definitions." Northrop Grumman Electronic Systems Antenna Fundamentals Course,2010.
- [7] Long, J., and Schmidt, K. "Presenting antenna patterns with fft and dft." Northrop Grumman Electronic Systems Antenna Fundamentals Course,2010.
- [8] Davis, D. "Grating lobes analysis." Northrop Grumman Electronic Systems Antenna Fundamentals Course,2010.
- [9] Skolnik, M. I. *Radar Handbook*. McGraw Hill,1990.
- [10] Konapelsky, R. "Coordinate transformations." Northrop Grumman Electronic Systems Antenna Systems Class,2002.

第 3 章
阵列天线单元

3.1 引言

有源电扫阵列(AESA)中的阵列天线单元(后文简称"阵元")是 AESA 与自由空间进行电磁能量交互的接口。在发射端,阵元是向自由空间传输前的最后一个射频器件;在接收端,阵元是自由空间接收信号能量的入口。阵元设计不佳将会影响 AESA 扫描增益、收发极化性能以及由功率损耗造成的收发效率。因此,关键的性能指标需要分解到天线设计环节以确保系统性能实现。图 3.1 给出了天线阵元在 AESA 中的位置。

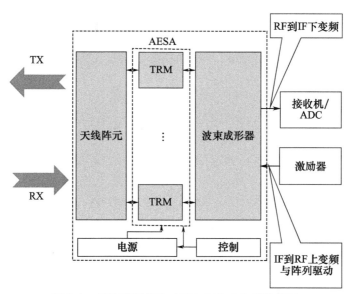

图 3.1 天线阵元作为 AESA 与自由空间的接口

第 1 章中给出信噪比(SNR)的表达式,阵元对系统 SNR 的主要影响体现在信号功率上,如下式所示:

$$S = \frac{P_{TX} G_{TX}^2 \sigma \lambda^2}{(4\pi)^3 R^4} \quad (\text{W}) \tag{3.1}$$

在式(3.1)中,发射功率 P_{TX} 和发射天线增益 G_{TX} 直接与天线阵元设计相关。由于阵元之后无放大器,阵元的任何损耗都会导致信号功率的直接损失。该功率损失可通过失配损耗和欧姆损耗进行量化,本书后续章节中将对此进行分析。失配损耗用于量化从收发组件到阵元的传输损耗,若两者在连接端口处阻抗一致,所有功率都将被传输而不存在反射。在实际工程中,阵元和收发组件的阻抗一般不同,因此存在反射功率,通过失配损耗进行量化表征。欧姆损耗不仅包括阵元及馈电的介电材料损耗,还包括通过带状线、微带线或波导传输功率的金属损耗。

此外,阵元设计必须考虑实际阵列环境影响。一个孤立阵元的失配损耗与位于阵列中单个阵元的失配损耗差别很大[1]。如图3.2所示,在阵列环境中,每个阵元除存在自身反射功率外,还会接收相邻阵元的耦合功率。阵列环境中的失配损耗称为有源匹配,将在后续相关章节中进行深入讨论。

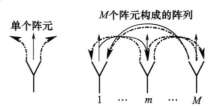

图3.2 单个阵元不存在互耦能量,其失配损耗不受影响;而位于阵列中的阵元与相邻阵元存在耦合能量,将会影响其失配损耗,在设计时必须考虑

除了影响发射功率 P_{TX},阵元还是天线增益(G_{TX})性能的主要决定因素。根据相关要求的工作带宽、极化方式和扫描范围,阵元需满足相应天线增益指标。随着 AESA 的发展,要求越来越有挑战性。许多多功能系统要求 AESA 满足以下一种或多种要求:多倍频程带宽、双极化、扫描到60°或更大角度。这使得阵元设计具有挑战性。

对于纯接收系统(如 ESM、SIGINT),入射到 AESA 天线面的功率来自接收信号,因此阵元只影响接收天线增益。在第1章 SNR 表达式的基础上,将天线增益和系统噪声温度单独分析,如式(3.2)所示,其中 ERP 为输入信号天线增益与发射功率的乘积。

$$\text{SNR} = \text{ERP}_{\text{external}} \left(\frac{\lambda}{4\pi R}\right)^2 \frac{1}{kBL} \frac{G}{T} \tag{3.2}$$

式中:$\frac{G}{T}$ 为决定接收灵敏度的关键参量,其中 $T = T_0 F$。

无论针对何种应用,阵元对提供最佳系统性能都至关重要。

进一步分析式(3.2),作者以前经常存在的一种错误理解是,通过提高工作频率也可以增加灵敏度/信噪比,但事实并非如此。接收灵敏度的决定因素是等效孔径面积 A,将增益的标准定义 $A = \dfrac{4\pi A}{\lambda^2}$ 代入式(3.2),可得

$$\mathrm{SNR} = \mathrm{ERP} \cdot \left(\dfrac{\lambda}{4\pi R}\right)^2 \dfrac{1}{kBL} \dfrac{\dfrac{4\pi A}{\lambda^2}}{T} \tag{3.3}$$

进一步可简化为

$$\mathrm{SNR} = \dfrac{\mathrm{ERP}}{4\pi R^2} \dfrac{1}{kBL} \dfrac{A}{T} \tag{3.4}$$

式中:A 为等效面积,而不是物理面积;$\dfrac{G}{T}$ 由于可实际测量,是更佳的表征参量。

3.2 带宽

带宽是天线阵元设计的一个重要参数。在量化阵元性能之前,对带宽的类型进行讨论是非常重要的。与 AESA 相关的带宽定义主要包括工作带宽和瞬时带宽(IBW)。两者都定义了 AESA 工作在频域的频率边界。

工作带宽是指 AESA 和整个系统的工作频率范围。在实际工程中,由工作带宽可得出最低工作频率和最高工作频率。例如,考虑工作频率范围为 8~9GHz 的 AESA 雷达系统,其工作带宽为 1GHz。这意味着该雷达将在 1GHz 工作带宽中的任意频段收发信号。

IBW 属于工作带宽的子集,定义了系统在工作频率带宽内的瞬时部分带宽。以上述 AESA 雷达为例,比如系统的 IBW 选为 100MHz。意味着该系统需要在工作在 8~9GHz 内的任意 100MHz 收发信号。图 3.3 所示为工作带宽与 IBW 关系的示例。第 4 章和第 5 章将会说明,IBW 是收发组件和波束成形器设计的关键技术指标。但 IBW 并不是阵元的技术指标。对于阵元而言,最主要的设计指标要求是工作带宽。

非常重要的是,阵元需要在整个系统工作频率范围内满足增益要求。例如,一部雷达采用跳频或捷变频技术提升探测性能,但不能在工作带宽内牺牲增益,如图 3.4 所示。

另一个例子是用于 ESM(仅接收)的 AESA。ESM 系统通常在工作带宽内以 IBW 带宽块为步进进行频率扫描,每个 IBW 带宽块都有相应的驻留时间。例如,如果工作带宽为 1GHz,IBW 为 100MHz,则系统将用 10 个 IBW 条带扫描整

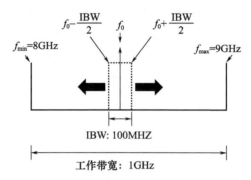

图 3.3 工作带宽与 IBW 关系的示例。图中工作带宽为 1GHz(8~9GHz);
IBW 为 100MHz,定义了系统在工作带宽内的瞬时工作频谱带宽

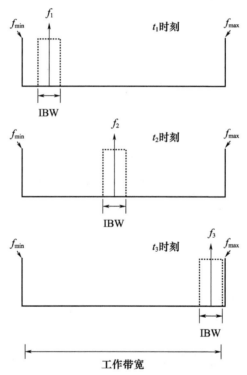

图 3.4 雷达在工作带宽内改变 IBW 位置的示意图
(阵元必须在整个工作带宽内满足增益要求,以免降低系统性能)

个工作带宽,如图 3.5 所示。阵元增益必须能够覆盖整个工作带宽,以确保整个系统的 SNR/灵敏度不会下降。

引用上面 AESA 雷达的例子,天线设计师将收到阵元工作带宽为 1GHz 的分解技术要求。为了评估该要求是采用简单阵元还是复杂阵元设计实现,采用相

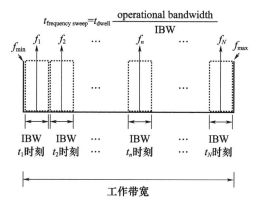

图 3.5 以 ESM 系统为例，工作带宽按 IBW 条带扫描。与图 3.4 类似，阵元必须在整个工作带宽内满足增益要求，以免降低系统性能

对带宽定义，如式（3.5）所示：

$$BW_{frac} = \frac{f_{max} - f_{min}}{f_{center}} \quad (3.5)$$

式中：BW_{frac} 为相对带宽；f_{center} 为中心频率 $\left(\frac{f_{min} + f_{max}}{2}\right)$；$f_{max}$ 为最大工作频率；f_{min} 为最小工作频率。

在实际工程中，可认为大于 20% 的相对带宽是宽带，可认为大于 50% 的相对带宽是超宽带。宽带和超宽带阵元的设计都具有挑战性，因为阵元阻抗匹配需要充分覆盖工作频率范围和 AESA 扫描角度。3.6 节将进一步讨论。

3.3 极化

极化是电磁场传播随时间变化的表征。极化对 AESA 非常重要，它描述了阵元收发电磁能量的极化方式。根据洛伦兹互易定理[2]，天线的极化响应无论对发射还是接收都是相同的。因此，这里将讨论的极化是广义的，而不特指发射或接收。

存在三种不同类型的极化：随机极化、部分极化和完全极化[3]。随机极化电磁波的极化随时间随机变化。部分极化电磁波的极化随时间在确定性和随机之间变化。完全极化电磁波的极化随时间确定性的变化而变化。天线属于完全极化情况，这将是本节的研究重点。

在系统层面，极化最终可能与损耗或信噪比恶化有关。以通信为例，如果发射天线和接收天线的极化不同，则接收到的能量就会降低。这可以通过修改单向收发天线 SNR 方程来说明，即

$$\text{SNR} = \text{ERP} \cdot \left(\frac{\lambda}{4\pi R}\right)^2 \frac{1}{kBL} \frac{G}{T} (\hat{r} \cdot \hat{p}) \qquad (3.6)$$

式中,$\hat{r}$ 为发射极化的单位矢量,$\hat{p}$ 为接收极化的单位矢量,则 $\hat{r} \cdot \hat{p} = \cos\theta_{rp}$,$\theta_{rp}$ 表示两个极化矢量之间的夹角。如果收发极化方向正交,即 $\theta_{rp} = 90°$,或者极化方向不在一条线上($\theta_{rp} \neq 0°$),那么式(3.6)中 SNR 就会降低。

对于雷达而言,极化可提高对目标信号的检测性能,以增强目标识别能力[4],或通过雷达极化测量来检测和表征天气杂波。将式(3.6)中的 ERP 替换为 $\text{ERP} \cdot \dfrac{\sigma}{4\pi R^2}$,对于雷达系统可得出同样的结论。

在描述如何对 AESA 的极化特征进行表征之前,首先要介绍一些电磁基础知识,以及为了便于分析如何表示极化。自然地引出极化是如何影响 AESA 的,更具体地说是如何影响阵元。极化一方面取决于系统要求,另一方面直接影响阵元设计的复杂度。3.3.1 节~3.3.3 节将涵盖电磁极化基本原理、极化类型、极化状态的表达式以及阵列极化。对于极化更深入的学习,推荐阅读 Stutzman 的专著[3]。

3.3.1 电磁极化基本原理

在 RRE 方程中描述的功率是由电磁波随时间在空间传播产生的。当电磁场在远离源的方向传播时,以平面波的形式传播。这意味着场强的矢量方向垂直于传播方向。满足远场距离条件下,电磁波可视为平面波,表达式为 $\dfrac{2D^2}{\lambda}$,其中 D 是天线源的最大尺寸,λ 是波长。本书中讨论的极化都基于平面波定义。

电场和磁场的时变表达式分别如下:

$$E(t,z) \qquad \left(\frac{\text{V}}{\text{m}}\right) \qquad (3.7)$$

$$H(t,z) = \frac{1}{\eta_0} \hat{n} \times E(t,z) \qquad \left(\frac{\text{A}}{\text{m}}\right) \qquad (3.8)$$

式中:$E(t,z)$ 为电场;$H(t,z)$ 为磁场;η_0 为自由空间阻抗 $\left(\eta_0 = \sqrt{\dfrac{\mu_0}{\varepsilon_0}} = 377\Omega\right)$;传播方向假定为 z[3]。

结合式(3.7)和式(3.8),电磁场的功率可以用坡印亭矢量表示如下[2]:

$$S(t,z) = E(t,z) \times H(t,z) \qquad \left(\frac{\text{W}}{\text{m}^2}\right) \qquad (3.9)$$

式(3.9)表征了电磁波传播方向和功率大小。将式(3.8)代入式(3.9),电磁场功率可以表示为电场形式:

$$S(t,z) = E(t,z) \times \left(\frac{1}{\eta_0}\hat{n} \times E(t,z)\right) \quad \left(\frac{\text{W}}{\text{m}^2}\right) \quad (3.10)$$

假设平面波传播方向为 z,电场和磁场只有 x 方向和 y 方向分量,则式(3.10)可写为

$$S(t,z) = \hat{z}\frac{|E(t,z)|^2}{\eta_0} \quad \left(\frac{\text{W}}{\text{m}^2}\right) \quad (3.11)$$

值得注意的是,天线极化分析采用的是电场参量。仅使用计算得到的电场,就可以完全表征极化。此外,在 RRE 方程中使用的表达式 $\dfrac{\text{ERP}}{4\pi R^2}$ 即为坡印亭矢量,单位为 $\dfrac{\text{W}}{\text{m}^2}$。

3.3.2 极化类型

辐射波的极化为"用于描述电场矢量的时变方向和相对大小的辐射电磁波特性;具体而言,它是空间中某固定位置的矢量末端随时间描绘的轨迹图,以及沿传播方向观察到矢量末端的描画意义"[2]。简而言之,极化是空间中某固定点的瞬时电场矢量端点随时间的运动[3]。极化可分为线极化、圆极化和椭圆极化三类。线极化是指电场随时间的变化轨迹是一条直线;圆极化是指电场矢量端点随时间的运动轨迹为圆;类似地,椭圆极化则是指运动轨迹为椭圆。圆极化是一种特殊的椭圆极化,两个电场分量的大小相等。圆极化和椭圆极化均有两种旋转方向。

为了更好地理解极化种类,首先用式(3.12)表示随时间变化的电场:

$$E(t,z) = E_x\hat{x} + E_y\hat{y} \quad \left(\frac{\text{V}}{\text{m}}\right) \quad (3.12)$$

在式(3.12)中,电场的矢量分量是复数形式。电场矢量的瞬时分量可采用的表达式[2]如下:

$$E_x = E_x\cos(\omega t + kz + \phi_x)\hat{x} \quad \left(\frac{\text{V}}{\text{m}}\right) \quad (3.13)$$

$$E_y = E_y\cos(\omega t + kz + \phi_y)\hat{y} \quad \left(\frac{\text{V}}{\text{m}}\right) \quad (3.14)$$

式中:E_x、E_y 分别为电场分量的最大幅值;ω 为角频率;k 为传播常数数值大小为 $\left(\dfrac{2\pi}{\lambda}\right)$;$\phi_x$ 和 ϕ_y 分别为各矢量分量的相位。

斜线极化在固定时刻 t 随距离 z 变化的情况如图 3.6 所示。

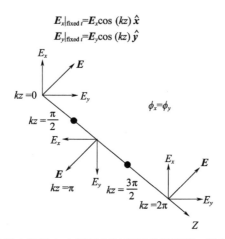

图 3.6 斜线极化的电场指向在某固定时刻随传播距离 z 的变化(其中 $\phi_x = \phi_y$)

3.3.2.1 线极化

对于线极化,电场各方向分量的相位相等,即 $\phi_x = \phi_y$。为便于理解,将 ϕ_x 和 ϕ_y 设为 0,则式(3.13)和式(3.14)可以写为

$$\bm{E}_x = E_x \cos(\omega t + kz) \hat{\bm{x}} \quad \left(\frac{\mathrm{V}}{\mathrm{m}}\right) \tag{3.15}$$

$$\bm{E}_y = E_y \cos(\omega t + kz) \hat{\bm{y}} \quad \left(\frac{\mathrm{V}}{\mathrm{m}}\right) \tag{3.16}$$

一般而言,当电场分量之间的相位差($\Delta\phi$)满足式(3.17)时,才形成线极化[2]。

$$\Delta\phi = \phi_y - \phi_x = \pm n\pi \quad (n = 0, 1, 2, \cdots) \tag{3.17}$$

当 n 为 0 或 2 的整数倍时,电场的轨迹线具有正斜率;当 n 为奇数时,电场的轨迹线为负斜率,如图 3.7 所示。

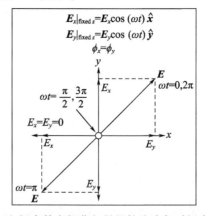

图 3.7 空间中某点极化矢量的轨迹为与时间有关的线

电场分量幅度之比描述了电场轨迹线的指向,该比值称为倾斜角(τ)。线极化的倾斜角可表示为

$$\tau = \arctan\left(\frac{E_y}{E_x}\right) \tag{3.18}$$

当 $\tau = 0$ 或 π 时,为水平线极化;当 $\tau = \pm\frac{\pi}{2}$ 时,为垂直线极化;当 $\tau \neq 0, \pi, \pm\frac{\pi}{2}$ 时,为倾斜线极化。

3.3.2.2 圆极化

当 $\Delta\phi = \pm\frac{\pi}{2}$ 且 E_x 和 E_y 相等时,会形成圆极化;此时,沿传播方向任意固定点的电场轨迹为圆形。当 $\Delta\phi = \frac{\pi}{2}$ 时,为右旋圆极化(RHCP),电场的 y 方向分量比 x 方向分量超前 $\frac{\pi}{2}$ 相位。当 $\Delta\phi = -\frac{\pi}{2}$ 时,为左旋圆极化(LHCP)。电场分量之间的相位关系可以表示为

$$\Delta\phi = \phi_y - \phi_x = \begin{cases} \left(\frac{1}{2} + 2n\right)\pi & (n = 0, 1, 2, \cdots, \text{RHCP}) \\ -\left(\frac{1}{2} + 2n\right)\pi & (n = 0, 1, 2, \cdots, \text{LHCP}) \end{cases} \tag{3.19}$$

根据右手定则,RHCP 沿传播方向为顺时针,LHCP 沿传播方向为逆时针。

3.3.2.3 椭圆极化

AESA 阵元设计一般不采用椭圆极化,通常支持水平极化、垂直极化、斜线极化、RHCP、LHCP 和双极化(水平极化和垂直极化的组合,或 RHCP 和 LHCP 的组合)。设计双极化的原因是任何极化都可以用两个正交极化来表示。但理解椭圆极化是十分必要的,事实上当阵元进行扫描时,就会产生椭圆极化。AESA 对所有扫描角度都有严格的极化指标要求,必须进行校准。

椭圆极化发生在以下两种情况:①电场分量不相等,即 $E_x \neq E_y$,且相位差 $\Delta\phi \neq 0$;②电场分量相等,即 $E_x = E_y$,且相位差 $\Delta\phi \neq \frac{\pi}{2}$。这两种情况可以统一用下式表示[2]:

$$E_x \neq E_y, \quad \Delta\phi = \phi_y - \phi_x = \begin{cases} \left(\frac{1}{2} + 2n\right)\pi & (n = 0, 1, 2, \cdots, \text{RHEP}) \\ -\left(\frac{1}{2} + 2n\right)\pi & (n = 0, 1, 2, \cdots, \text{LHEP}) \end{cases}$$

$$\tag{3.20}$$

或

$$E_x = E_y, \quad \Delta\phi = \phi_y - \phi_x \neq \pm\frac{n}{2}\pi \begin{cases} > 0 & (n = 0,1,2,\cdots,\text{RHEP}) \\ < 0 & (n = 0,1,2,\cdots,\text{LHEP}) \end{cases} \tag{3.21}$$

式中：RHEP 和 LHEP 分别为右旋椭圆极化和左旋椭圆极化。

图 3.8 给出了斜线极化、RHCP 和 LHEP 的示意图。

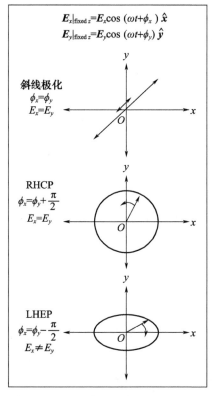

图 3.8　不同极化形式示意图。圆极化是一种特殊的椭圆极化，其电场分量的幅度相同

3.3.3　极化状态

Stutzman[3]中给出了极化状态的简明定义，具体如下：

(1) 极化椭圆（ε,τ）；

(2) 极化椭圆（$\gamma,\Delta\phi$）；

(3) 庞加莱球；

(4) 复矢量；

(5) 斯托克斯（Stokes）参数；

(6) 极化率。

以上所有表征参数都是相似的,唯一地定义了电场的极化。本章只讨论极化椭圆表示法(本节)和复矢量表示法(3.3.4节)。针对其他极化状态,读者可以查阅文献[3]。由于其构造的简单性,本节将重点关注极化椭圆表示法。复矢量表示法通常用于评估仿真和/或测量电场响应的极化性能。

第一种极化椭圆表征法必须定义两个角度 ε 和 τ。图 3.9 中给出了两个角度的定义,其中倾角 τ 描述了极化椭圆方向相对 x 轴和 y 轴旋转的角度,满足

$$0° \leqslant \tau \leqslant 180° \tag{3.22}$$

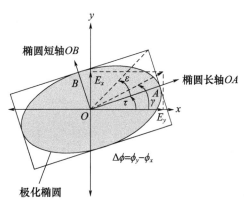

图 3.9　广义极化椭圆示意图(沿传播方向上的固定点的极化表示)

为了定义椭圆角 ε,定义轴比(AR)。轴比是表征椭圆形状的参量,定义如下[3]:

$$|\text{AR}| = \frac{长轴长度}{短轴长度} = \frac{\overline{OA}}{\overline{OB}} \geqslant 1 \tag{3.23}$$

则 ε 可以定义为

$$\varepsilon = \text{arccot}(-\text{AR}) \quad (-45° \leqslant \varepsilon \leqslant 45°) \tag{3.24}$$

其中,右旋对应的 AR 符号取+,左旋对应的 AR 符号取-。这一对角度 (τ, ε) 完全可以表征所有的极化状态。

第二种极化椭圆表征法采用两个不同的角度完全且唯一地描述了椭圆极化状态。第一个角度 $\Delta\phi$ 已经讨论过,即电场矢量分量之间的相位差。第二个角度 γ,如图 3.9 所示,表示电场各方向分量幅度之间的关系,定义如下[3]:

$$\gamma = \arctan\left(\frac{E_y}{E_x}\right) \tag{3.25}$$

通过这两个角度 $(\Delta\phi, \gamma)$ 完全可以对极化状态进行定义。

同时根据下式,(τ, ε) 和 $(\Delta\phi, \gamma)$ 两种极化椭圆表征可以相互推导出来。

$$\begin{cases} \sin(2\varepsilon) = \sin(2\gamma)\sin(\Delta\phi) \\ \tan(2\tau) = \tan(2\gamma)\cos(\Delta\phi) \end{cases} \tag{3.26}$$

图 3.10 给出了采用(τ,ε)和($\Delta\phi,\gamma$)表征的部分极化状态的参数与图示,完整分析可参见文献[3]。

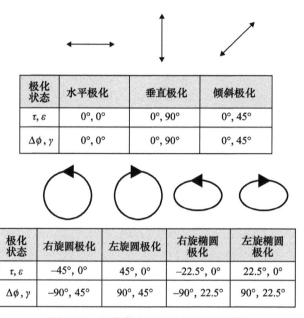

图 3.10 极化状态不同表征方法示例

3.3.4 阵列极化

为验证 AESA 阵列的性能,对阵列的共极化响应和交叉极化响应进行测量、分析和评估。共极化响应是与阵列极化相同方向的另一个参考天线的响应。例如,对于垂直极化阵列,所使用的校准参考天线也应是垂直极化,才能确定阵列的极化纯度。实际上,在正交或交叉极化中总存在能量泄漏。这可通过旋转参考天线来测量,使其极化与被测天线(AUT)的极化正交,完成交叉极化响应测量。一旦测量出共极化响应和交叉极化响应,就可得到阵列极化性能。

阵列天线的共极化响应和交叉极化响应不仅可以利用暗室进行测量,也可以使用高逼真度数值分析仿真工具完成。对于仿真而言,需利用阵列边界条件对阵元进行建模,并对阵元方向图的频率响应和扫描响应进行仿真。阵元方向图电场的幅度和相位可以用于评估极化性能,即极化纯度随频率、角度和扫描角度变化的关系。

为了对以上性能分析建模,采用复矢量表示法用于阵元电场响应的测量或建模。下面的表达式用于分析阵列的共极化和交叉极化性能[3]:

$$F_{co}(\theta,\phi) = \boldsymbol{E}(\theta,\phi) \cdot \hat{\boldsymbol{e}}_{co} \quad (3.27)$$

$$F_{cross}(\theta,\phi) = \boldsymbol{E}(\theta,\phi) \cdot \hat{\boldsymbol{e}}_{cross} \quad (3.28)$$

式中：E 为实测或仿真的复矢量电场响应；$\hat{e}_{co}$ 和 $\hat{e}_{cross}$ 分别为给定极化状态下的共极化和交叉极化单位矢量[5]。

极化单位矢量用来描述天线的极化。文献[5]推导了极化单位矢量的表达式，用于评估天线的极化，并定义了 Ludwig 1、Ludwig 2、Ludwig 3 三种坐标系。其中，Ludwig 3 通常用于天线方向图的暗室测量。Ludwig 3 的水平极化和垂直极化的单位矢量表达式如下：

$$垂直极化：\begin{cases} \hat{e}_{co} = \sin\phi\hat{\boldsymbol{\theta}} + \cos\phi\hat{\boldsymbol{\phi}} \\ \hat{e}_{cross} = \cos\phi\hat{\boldsymbol{\theta}} - \sin\phi\hat{\boldsymbol{\phi}} \end{cases} \tag{3.29}$$

$$水平极化：\begin{cases} \hat{e}_{co} = \cos\phi\hat{\boldsymbol{\theta}} - \sin\phi\hat{\boldsymbol{\phi}} \\ \hat{e}_{cross} = \sin\phi\hat{\boldsymbol{\theta}} + \cos\phi\hat{\boldsymbol{\phi}} \end{cases} \tag{3.30}$$

值得注意的是，在式(3.29)和式(3.30)中，$\hat{e}_{co} \cdot \hat{e}_{cross} = 0$。因此，当评估阵列的极化响应时，如果 F_{cross} 的值并不远小于 F_{co}，那么阵列的极化性能就比较差。

3.3.5 关键要求

基于 3.3 节上述内容，分解给天线阵元设计师的关键极化要求如下。

(1) 极化要求：阵元按哪种极化设计。如果系统要求垂直极化，天线设计就要选用垂直极化阵元；如果系统要求支持多极化，如同时支持水平和垂直双线极化，那么阵元设计要满足双极化要求。这将增加 AESA 的复杂度，对于每个阵元，双极化意味着通道数量加倍，机械上和电气上的隔离都是挑战。

(2) 交叉极化或正交性：通过计算 $\dfrac{F_{cross}}{F_{co}}$ 的比值以及 F_{cross} 与 F_{co} 的相位差得到。交叉极化在主轴方向上通常可以达到 -20dB。然而，在对角区域的一些空间角度，很难保持幅值和相位随扫描不变。

极化隔离也是一项很重要的技术要求。AESA 阵元后的电子元器件如果存在较强耦合，则会恶化交叉极化性能。对于双极化系统，AESA 的两种极化需要保持隔离状态，以实现接收或发射极化不受影响。

3.4 阵列栅格布局

第 2 章已分析当阵元间距过大时，天线方向图会产生栅瓣。最大阵元间距由下式决定：

$$d = \frac{\lambda}{1 + \sin\theta_0} \tag{3.31}$$

式(3.31)直接关系 AESA 的成本。对于典型的 AESA，每个阵元电路包含高功率放大器（HPA）、移相器、衰减器、低噪声放大器（LNA）、环行器（针对雷达）和开关。电子器件的密度直接正比于阵元的数量。而 TRM 是 AESA 成本组成的关键，因此 AESA 设计就是尽最大努力尽可能用最少的阵元满足要求。例如，X 波段 AESA 工作频率范围为 8～10GHz，扫描最大角度为 60°。如第 2 章所述，按工作带宽中的最高频率确定阵元间距。式(3.31)可以改写为

$$d_{\min} = \frac{c}{f_{\max}(1 + \sin\theta_0)} \quad (3.32)$$

式(3.32)表明，最小阵元间距与天线最高工作频率有关。考虑不使用式(3.31)，将阵元间距 d 保守地设定为 $\frac{\lambda}{2}$。对于二维阵元间距相同的矩形栅格阵列，阵元面积计算如下：

$$A_{\mathrm{elem_{conservative}}} = d_{\mathrm{conservative}}^2 = \left(\frac{\lambda}{2}\right)^2 \quad (3.33)$$

相应地，根据式(3.31)得到的阵元面积为

$$A_{\mathrm{elem}} = d^2 = \left(\frac{\lambda}{1 + \sin 60°}\right)^2 \quad (3.34)$$

结合式(3.33)和式(3.34)可见，相同口径采用两式计算得出的阵元数量比值为 $\frac{4}{(1 + \sin 60°)^2}$，则采用保守方法计算的阵元数会增加 15%，这意味着增加 15% 的 TRM 数量，相应地大幅增加成本（图 3.11）。

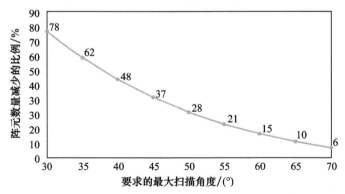

图 3.11 在不同最大扫描角度下，采用式(3.31)替代 $d=a/2$ 后阵元数量减少的曲线在很多情况下，采用阵元间距 $d=a/2$ 会造成 AESA 不必要的过设计，成本增加。阵元间距 $d=a/2$ 仅用于大扫描角度情况（如 70°）或者采用晶圆工艺降成本的毫米波 AESA

阵列栅格布局会影响天线在大扫描角度下的阻抗匹配。当阵列主波束扫描到接近其角度极限时，栅瓣会逼近真实空间，造成阵元阻抗失配、降低系统效率

和增加系统损耗。针对该问题,天线设计师通常为阵元间距增加设计余量,使栅瓣远离真实空间边界,确保阵元匹配不受干扰。

3.5 失配与欧姆损耗

第 1 章中讨论了 AESA 如何直接影响 RRE 方程中参数 P_{TX}、G 和 T。同样,阵元也会直接或间接地影响这些参数。至此,已经讨论了工作带宽、极化和阵列布局,上述因素在很大程度上决定了 AESA 性能关键参量。然而,上述参量并不是由 P_{TX}、G 和 T 分解的直接要求,而是系统要求。本节和后面两节将阐述由 P_{TX}、G 和 T 直接分解的性能参数。

本节将重点讨论失配损耗和欧姆损耗(也称插入损耗)。这两种损耗都会影响 P_{TX}、G 和 T 参数。图 3.12 说明了失配和欧姆损耗是如何通过阵元影响发射功率的。同样的解释也可以用于接收情况。

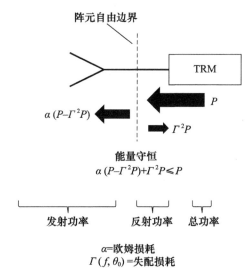

图 3.12 以发射为例,信号功率从 TRM 传输到天线阵元。在 TRM 和阵元边界上,一部分功率传输到阵元,另一部分功率被反射。阵元欧姆损耗会衰减发射功率,类似的解释适用于接收情况

图 3.12 给出了 AESA 中单个阵元通道示意图。每个天线阵元都会连接一个 TRM,TRM 通过 HPA 进行信号功率放大后输出到天线阵元。TRM 的输出功率为 P。在许多情况下,天线阵元都会集成某种类型的馈电结构,用于形成 AESA 要求的极化,同时实现 TRM 与阵元的阻抗匹配。馈电结构与 TRM 一般通过接插件或者微带过渡(如微带或带状线)进行集成。在该边界上,TRM 阻抗必须与天线阵元阻抗匹配,以免功率低效率传输。

实际上,总有部分能量从边界反射回来,用反射系数 Γ 来表征[6]。Γ 用于表示不同阻抗界面(TRM 和阵列元件之间的界面)上的反射电压。为了量化反射功率,对 Γ 取平方得到 $|\Gamma|^2$。则失配损耗可表示如下:

$$失配损耗 = |\Gamma|^2 P \tag{3.35}$$

如图 3.12 所示。在实际设计中,TRM 的输出阻抗有特定要求,而且阵元设计必须基于 TRM 输出阻抗要求满足失配损耗要求。3.6 节将说明 Γ 不仅与频率有关,也与扫描角度有关。失配损耗非常重要,因为会降低阵元的发射和接收功率。在 AESA 系统层面,这种损耗通常会分配到信号链路的天线阵元损耗。如果匹配性能较差,则直接导致发射 ERP 和接收增益降低。

在功率传输到阵元之后,阵元设计还必须考虑另一种损耗。阵元收到的传输功率(参见图 3.12)如下[6]:

$$传输功率 = (1 - |\Gamma|^2) P \tag{3.36}$$

基于能量守恒定律,传输功率与失配损耗之和等于 TRM 输出功率 P,如下所示:

$$传输功率 + 失配损耗 = P \tag{3.37}$$

可写为:

$$传输功率 = P - 失配损耗 \tag{3.38}$$

式(3.38)与式(3.36)等价。

传输功率在到达自由空间之前,必须通过天线阵元,而构成阵元的金属和介质材料会产生欧姆损耗。这些损耗有时也称 $i^2 R$ 损耗,因为这与电流通过导体造成的损耗相关。采用 α 表征欧姆损耗,则辐射到自由空间的功率为

$$发射功率 = \alpha [1 - |\Gamma(f, \theta_0)|^2] P \tag{3.39}$$

式(3.39)中包含了失配损耗和欧姆损耗对发射功率的影响。

失配损耗和欧姆损耗直接由 ERP 和/或 G/T 指标分解给设计师。损耗并不是必须单独核算,可以一并计入阵元的实际增益中。阵元增益可以用 $\dfrac{4\pi A_{\text{elem}}}{\lambda^2}$ 表示,则考虑损耗后的实际增益为[7]

$$实际增益 = \alpha [1 - |\Gamma(f, \theta_0)|^2] \dfrac{4\pi A_{\text{elem}}}{\lambda^2} \tag{3.40}$$

其中,式(3.40)已包含失配损耗和欧姆损耗。在实际设计中,将失配损耗和欧姆损耗纳入即可;但并不需要重复计算,以免性能错误恶化。

至此,本节上述内容重点阐述了损耗对 AESA 功率和增益的影响,下面分析对噪声温度 T 的影响。系统工程师通常使用 T 量化噪声影响,但天线设计师习惯使用噪声因子 F。二者都表征了系统中增加的噪声,该噪声会恶化 SNR。两者的关系如下:

$$F = \frac{T_0 + T}{T_0} \tag{3.41}$$

由式(3.41)可知,噪声因子 F 和 T 相互关联,其中 T_0 为室温290K[8]。将式(3.41)转换为分贝时,F 又称噪声系数(NF),可以表示为

$$\text{NF} = 10\lg F \tag{3.42}$$

为了便于理解失配损耗和欧姆损耗是如何影响 F 的,必须考虑级联后 F 的表达式。AESA 通常由多级级联元器件(包括放大器、衰减器、开关等)组成,则等效噪声因子 F_{eff} 的表达式如下[8]:

$$F_{\text{eff}} = F_1 + \frac{F_2 - 1}{G_1} + \frac{F_3 - 1}{G_1 G_2} + \cdots + \frac{F_N - 1}{G_1 G_2 \cdots G_{N-1}} \tag{3.43}$$

式中:N 为级联级数;G_i 为第 i 级的增益($i = 1, 2, 3, \cdots, N$)。

由式(3.43)可知,如第一级增益 G_1 取值较大,可得

$$F_{\text{eff}} \approx F_1 \tag{3.44}$$

因此,接收链路的第一级放大器,即低噪声放大器(LNA),其设计增益取值通常大于 20dB。式(3.44)中的 F_1 项表示在 LNA 之前的前端损耗,包括失配损耗和欧姆损耗。结合式(3.44)和式(3.43)可以看出,前端损耗直接计入了总噪声系数 F_{eff}。因此,失配和欧姆损耗如果过大,将会直接降低系统 $\frac{G}{T}$。

3.6 有源匹配

3.5 节中描述的失配损耗表征了阵元的阻抗失配。本节将推导 AESA 中反射系数 Γ 的表达式,并称为有源匹配。其中,"有源"用于区分诸如 AESA 阵列环境中的 Γ 不同于孤立天线单元的阻抗匹配。一般而言,阵元匹配与孤立天线单元匹配不同,因为相邻阵元之间会通过互耦辐射功率[9],如图 3.13 所示。

图 3.14 说明孤立天线单元的增益与其处于由相同阵元构成的无穷大阵列中的增益不同[9]。可见,阵列中天线阵元的增益曲线存在零陷,而孤立天线单元不存在零陷。由于阵列环境中阵元之间存在互耦,对于表征 AESA 的性能极为重要。文献[7-9]针对有源匹配给出了详细的推导过程。利用微波网络分析中的散射矩阵概念可得到有源匹配的表达式。对于一个 N 端口的微波网络,输入端口处的电压是其他 N-1 个端口的传输响应之和,可表示为[6]:

$$\begin{bmatrix} V_1^- \\ V_2^- \\ \vdots \\ V_N^- \end{bmatrix} = \begin{bmatrix} S_{11} & S_{12} & \cdots & S_{1N} \\ S_{21} & S_{22} & \cdots & S_{2N} \\ \vdots & \vdots & & \vdots \\ S_{N1} & S_{N2} & \cdots & S_{NN} \end{bmatrix} = \begin{bmatrix} V_1^+ \\ V_2^+ \\ \vdots \\ V_N^+ \end{bmatrix} \tag{3.45}$$

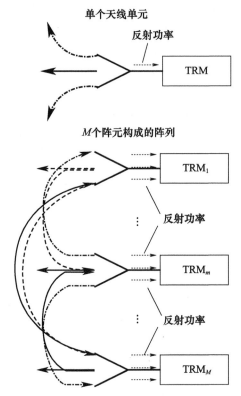

图 3.13　阵元阻抗匹配由于存在互耦与孤立天线单元阻抗匹配不同，
AESA 中的阻抗匹配称为有源匹配

其中

$$S_{mn} = \frac{V_m^-}{V_n^+}\bigg|_{V_k^+=0, k \neq n} \tag{3.46}$$

式中：V_m^- 为端口 m 处的反射电压；V_n^+ 为端口 n 的入射电压；S_{mn} 为 S 参数，是从端口 n 反射到端口 m 的电压，其他端口匹配。

上述表达式精确地模拟了 N 端口微波器件如何利用网络分析仪进行测量。通过测量 S 参数，可以表征每个端口的反射系数。对于 AESA 中的阵元，可采用相同的方法来表示每个阵元的有源匹配[9]。

利用式(3.45)中的散射矩阵，AESA 中阵元的反射电压可以表示为

$$V_m^- = \sum_{n=1}^{N} S_{mn} V_n^+ \tag{3.47}$$

将阵元的幅度和相位代入 V_n^+，得

$$V_n^+ = a_n e^{j\frac{2\pi}{\lambda} n d \sin\theta_0} \tag{3.48}$$

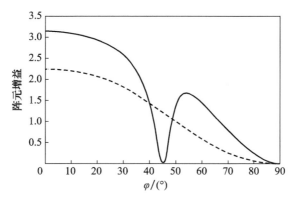

图 3.14 虚线代表无限大阵列中的阵元增益曲线,实线代表采用相同设计的孤立天线单元的增益曲线。后者由于不存在互耦,与前者响应不同

结合式(3.47)和式(3.48),求解 Γ 得到:

$$\Gamma_m(f,\theta_0) = \frac{V_m^-}{V_m^+} = \sum_{n=1}^{N} \frac{a_n}{a_m} S_{mn} e^{j\frac{2\pi}{\lambda}(m-n)d\sin\theta_0} \quad (3.49)$$

式(3.49)为由单端口阵元构成阵列的有源匹配的表达式。

由式(3.49)可知,通过测量所有阵元的 S_{mn},可计算出有源匹配。在实际工程中,可通过构造部分阵列完成,该阵列为 AESA 总阵列的子集。阵元数量 N_{partial} 要满足构造的部分阵列的任意维度尺寸为 5λ [10]。然后,进行 S 参数测量时,除两个阵元外其他阵元都加匹配。两个阵元中的一个阵元与网络分析仪的激励端口连接,另一个阵元与网络分析仪的接收端口相连。保持激励端口不变,测量需重复 $N_{\text{partial}}-1$ 次。测试完成,则更换激励端口,并重复测量过程。虽然以上测量很烦琐,但可以分析所有阵元的有源匹配,量化阵列性能。对于大型阵列,单个阵元的有源匹配可以代表阵列中所有阵元的匹配性能;对于较小阵列,边缘阵元的电性能与阵列内部阵元不同,因为边缘阵元不像中心阵元那样四周被相邻阵元所包围。单个阵元的有源匹配不能用来代表所有阵元,在设计中必须予以考虑。

3.7 扫描增益损失

扫描增益损失是指波束电扫描时的主瓣能量损失。这将直接影响 AESA 增益,进而影响到发射 ERP 和接收 G/T。第 2 章已经给出的一维 AESA 方向图可以通过方向图相乘计算:

$$F(\theta) = \text{EP} \cdot \text{AF} = \cos^{\frac{\text{EF}}{2}}\theta \cdot \sum_{m=1}^{M} a_m e^{j\left(\frac{2\pi}{\lambda}x_m\sin\theta - \frac{2\pi}{\lambda_0}x_m\sin\theta_0\right)} \quad (3.50)$$

简单起见,一维表达式可用来描述扫描增益损失影响,同样也适用于二维表达式。式(3.50)采用余弦函数模拟阵元方向图的空间变化,在实际工程中非常有效。阵元方向图可以通过测量得到,阵元因子 EF 可以通过对测试数据进行曲线拟合计算得到。对于工作带宽为上百 MHz 的 AESA,一个设计较优的阵元一般 EF 取值为 1.1～1.2。对于较大的工作带宽(约 500MHz),EF 取值 1.2～2.0。通常 EF=2 用于初始系统分析以提供余量,然后根据测量和拟合结果进行修正。

图 3.15 给出了式(3.50)中描述的方向图相乘的示意图。在图 3.15 中,单元方向图在视轴方向存在峰值,因此 AESA 总方向图没有扫描增益损失。该图还说明,AESA 波束扫描到±40°时,阵元方向图幅度包络造成的增益损失小于 1dB。这意味着 AESA 所需扫描角度小于 45°时,阵元设计不特别具有挑战性。

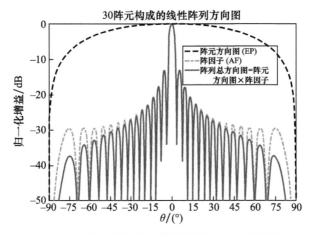

图 3.15　式(3.50)的方向图相乘示意图(视轴方向(无扫描),EF=1.5)

对于大多数 AESA,基于所需视场的扫描角度要求通常大于 45°,在某些情况下达到 70°。这对阵元设计师非常有挑战性,因为已经接近物理极限。图 3.16 给出了 AESA 扫描到 60°的情况,存在 5dB 的扫描增益损失;超过 60°后,扫描增益损失迅速增大。在系统层面发射阵列需要更大的辐射功率以抵消增益损失,接收阵列必须采用更大的接收孔径和/或更低的噪声系数。为了降低最大扫描角度增益损失,一种方法是设计阵元方向图的峰值远离视轴方向。即使采用上述先进技术,设计覆盖数 GHz 带宽和大扫描角度且具有最小增益损失的阵元,挑战性也很大。

在描述上述扫描增益损失时,假定该阵列为电大尺寸(大于 5λ)[10]。然而,对于 AESA 为电小尺寸(小于 5λ)或非平面阵情况,方向图乘积定理不再适用,空间中每个阵元的方向图都不同,因此,需要考虑每个阵元的贡献。

$$F(\theta) = \sum_{m=1}^{M} \cos^{\frac{EF_m}{2}} \theta \cdot a_m e^{j\left(\frac{2\pi}{\lambda} x_m \sin\theta - \frac{2\pi}{\lambda_0} x_m \sin\theta_0\right)} \quad (3.51)$$

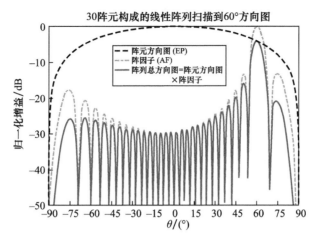

图 3.16　方向图相乘示意图(60°扫描情况,取 EF = 1.5)

式(3.51)表明总扫描增益损失为各阵元方向图之和。令 $\theta = \theta_0$,式(3.51)变为

$$F(\theta) = \sum_{m=1}^{M} \cos^{\frac{EF_m}{2}} \theta \cdot a_m \qquad (3.52)$$

总方向图可简化为各阵元方向图与阵元加权乘积。这要求必须对整个阵列建模,不仅要测量周期性边界条件的单个阵元,而且必须对每个单独阵元的阵元方向图进行测量。在式(3.52)中,a_m 为幅度权值。在某些情况下,需要对每个阵元采用复数权重 B_m,其中 $B_m = a_m e^{j\phi_m}$,ϕ_m 为复数权重 B_m 的相位。利用复权值在期望的扫描角度相干累加形成峰值,得到式(3.52)修正后的表达式:

$$F(\theta) = \sum_{m=1}^{M} \cos^{\frac{EF_m}{2}} \theta \cdot a_m e^{j\phi_m} \qquad (3.53)$$

参考文献

[1] Skolnik, M. I. *Radar Handbook*. McGraw Hill, 1990.

[2] Balanis, C. *Antenna Theory Analysis and Design*. John Wiley & Sons, Publishers, Inc., 1982.

[3] Stutzman, W. L. *Polarization in Electromagnetic Systems*. Artech House, 1993.

[4] Skolnik, M. I. *Introduction to Radar Systems*. McGraw Hill, 2001.

[5] Ludwig, A. C. "The definition of cross polarization." *IEEE Transactions on Antennas and Propagation*, pp. 116–119, 1973.

[6] Pozar, D. M. *Microwave Engineering*. John Wiley & Sons, Inc., 2012.

[7] Mailloux, R. J. *Phased Array Antenna Handbook*. Artech House, Norwood, MA, 1993.

[8] Pettai, R. *Noise in Receiving Systems*. John Wiley & Sons, Inc., 1984.

[9] Pozar, D. M. "The active element pattern." *IEEE Transactions on Antennas and Propagation*, pp. 1176-1178, 1994.

[10] Holter, H., and Steyskal, H. "On the size requirement for finite phased-array models." *IEEE Transactions on Antennas and Propagation*, pp. 836-840, 2002.

第 4 章
收发组件

4.1 引言

第 3 章讨论了天线阵元,可以视作 AESA 系统和自由空间之间的接口。AESA 阵元在要求的频率范围向空间发射或从空间接收功率。为了能够实现波束的电控扫描,不仅仅需要阵元,还需要一种机制保持阵元之间正确的相位关系,使阵元辐射/接收的能量在空间特定方向相干叠加形成阵列波束。以上机制是通过收发组件(TRM)实现的,图 4.1 给出的系统框图凸显了组件模块。

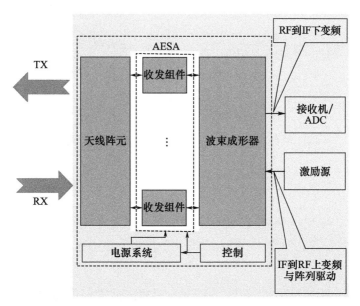

图 4.1 收发组件(TRM)除了能进行功率放大和信号调理,还能对 AESA 波束进行电扫描(TRM 是 AESA 系统的关键部件,通常也是最大的成本来源)

通过波束成形器功率分配产生的发射电压(接收功率合成)附带一个传输相位,该相位根据扫描角度不同而不同。如第 2 章所讨论的,一维阵列的相位为 $-\frac{2\pi}{\lambda_0}x_m\sin\theta_0$。对于需要真时延进行波束控制的 AESA,需要将移相器替换为时延模块。

需要重点强调的是,馈给各阵元的相移是由 TRM 设置并调制到波束成形器功率分配后的电压上的。同时,TRM 对调相信号进行放大。这同样适用于从阵元接收信号电压的处理。通过射频链路分配的功率是电压幅度的平方。这是理解稍后讨论的线性度以及电压信号如何在波束成形器中进行功率分配和合成(第 5 章)的重要概念。

在探讨 TRM 框图之前,有必要从数学角度回顾一下为什么需要 TRM 来电控 AESA 波束。第 2 章给出的一维电大尺寸($L > 5\lambda$)AESA 的方向图表达式为[1]

$$F(\theta) = \cos^{\frac{EF}{2}}\theta \cdot \sum_{m=1}^{M} A_m e^{j\frac{2\pi}{\lambda_0}x_m\sin\theta} \tag{4.1}$$

将式(4.1)中的复数权重 A_m 设为 1,则会得到图 4.2 中所示的方向图。式(4.1)表明,当 $A_m = 1$ 时,AESA 方向图仅在 $\theta = 0°$ 时具有最大值。

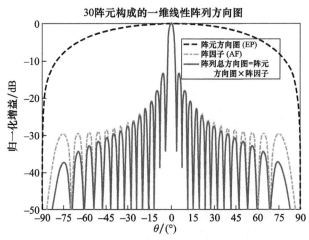

图 4.2 当 $A_m = 1$ 时,AESA 在法向($\theta_0 = 0°$)形成波束。这相当于没有任何移相器。如果复数权重 A_m 没有相移 $-\frac{2\pi}{\lambda_0}\alpha_m\sin\theta_0$,则 AESA 波束就无法电扫

当在远场调测 AESA 天线时,第一步,形成法向方向图,因为该指向不需要相移;第二步,由于阵元误差,需要调整移相器和衰减器对整个 AESA 的相位和幅度分布进行校准,但该幅相校准值为固定补偿值,并不用于波束电扫;第三步,

通过将复数权重的幅度设置为 $1(|A_m|=1)$,并设 A_m 的相位等于 $-\dfrac{2\pi}{\lambda_0}md\sin\theta_0$,则可以控制 AESA 波束指向任意角度 θ_0,图 4.3 给出了 θ_0 设为 60°的情况。这是 TRM 的关键功能之一,使 AESA 能够电扫。

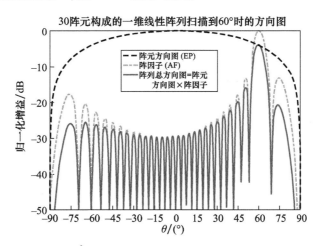

图 4.3　当 $A_m=1\times e^{-j\frac{2\pi}{\lambda_0}md\sin\theta_0}$ 时,AESA 波束指向 θ_0。这是由 TRM 实现的,说明了为什么 TRM 是 AESA 架构的关键组成,$\theta_0=60°$

除了提供相位(或时间)延迟,TRM 还具有其他所需的功能。这主要包括发射/接收隔离、信号调理、功率放大、接收机保护和功率衰减。这些功能在表 4.1 中给出了简短的描述,并将在描述图 4.4 中 TRM 框图时进行详细说明。

表 4.1　TRM 除了为 AESA 中的每个阵元提供合适的相位和/或时间延迟,还提供发射/接收隔离、信号调理、功率放大、接收机保护和衰减等功能

TRM 功能	描述
发射/接收隔离	收发开关和环行器为收发提供隔离度,这对于大功率发射的 AESA 尤为重要,其发射功率可能会损坏接收电路
信号调理	发射和接收通道都需要滤波并且保证线性度,对于宽带系统而言还需要进行信道化处理
功率放大	发射通道需要放大信号功率以满足 ERP 要求,接收通道需要进行低噪声功率放大
接收保护	需要射频电路来防止内部和外部产生的功率损坏接收电子设备
增益均衡	除了均衡阵元间的幅度误差,还用于均衡射频链路的增益

图 4.4 是典型 TRM 的框图,其中包含了集成的主要射频器件。本章关注组件的射频性能,而不是数字方面。同时,TRM 控制的重要性也值得简要讨论。TRM 中包含数字电路,用于控制器件、改变相位和增益设置。例如,雷达中的

TRM 必须具有以下功能：

(1) 能够通过控制指令进入打开、关闭和待机状态；

(2) 能够通过控制指令在每个配置处理间隔 (CPI) 设置正确的相位和增益；

(3) 对于脉冲雷达的每个脉冲，能够在发射和接收之间反复切换；

(4) 能够周期性地提供关于 TRM 健康状态的更新消息；

(5) 与系统级选通时钟对齐；

(6) 能够通过指令进入系统内测试 (BIT) 状态；

(7) 配备足够的内存，用于存储与频率和扫描角相关的相位和增益数据表。

其他非雷达应用也需要以上类似的相关功能。

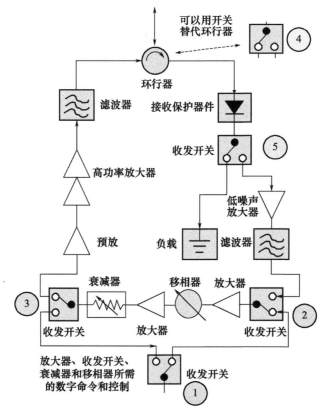

图 4.4　TRM 的关键器件组成包含放大器、开关、滤波器、移相器、衰减器、接收保护器件和数字控制。图中的开关配置为发射工作状态

除了以上列出的功能，TRM 命令控制的分发也是 AESA 设计的重要内容。对于数百个到数千个阵元构成的大规模 AESA，TRM 的命令控制分发设计具有挑战性，其数字架构需要深思熟虑。随着 AESA 的进步，集成到单个收发组件中

的通道数量逐渐增加。到目前为止,都是假设每个收发组件对应一个通道(天线阵元);然而,对于大规模 AESA,收发组件通常包含多个通道,以实现更高的集成度并降低成本。后面将对此进行更多讨论。每个收发组件中通道数量的增加,降低了系统级的组件命令控制分发的设计复杂度。

4.1.1 收发组件基本拓扑

图 4.4 给出了 TRM 中的关键器件组成。尽管诸如收发开关的一些器件比较简单,但它们仍然在 TRM 的正常工作中发挥着至关重要的作用。本节将对图 4.4 中每个器件的用途和功能进行描述,并将器件与 TRM 功能的映射总结成表格,如表 4.1 和表 4.2 所列。

表 4.2　TRM 器件与表 4.1 列出功能的映射

TRM 功能	收发开关	放大器	前置放大器和高功率放大器	低噪声放大器	移相器	衰减器	滤波器	环行器	接收保护器件
发射/接收隔离	√							√	
信号调理					√	√	√		
功率放大		√	√	√					
接收保护	√								√
增益均衡						√			

4.1.1.1　收发开关

TRM 中存在多种开关,其用途在于为 AESA 中的射频收发链路提供隔离,并为射频信号选择合适的传输路径。图 4.4 中的 5 个收发开关具体描述如下。

(1)收发开关 1~3:尽管这些开关确实提供了隔离,但它们的主要用途是使收发通道共用移相器和衰减器。开关使发射和接收无须各自使用单独的移相器和衰减器,而是允许共用它们,从而减少了 TRM 尺寸和复杂度。此外,这种"共臂"架构的单音和双音三阶交调(TOI)性能,与采用独立移相器和衰减器的收发架构相同[2-3]。最后,这些开关还有助于减少 TRM 控制线数量。

(2)收发开关 4:过去一直使用环行器隔离发射通道和接收通道。随着阵元间互耦建模逼真度的提高,开关也可以选择性地代替环行器使用。该开关具有与收发开关 1~3 相同的功能,但由于位于功放之后,因此必须承受更高的功率。例如,如果将 0.1W 发射信号输入预放和功放,它们的总增益为 30dB,则输出给收发开关 4 的功率将达到 100W。此外,如果 AESA 处于复杂电磁环境,存在有意和无意的强干扰,则收发开关 4 在接收端也须能够承受较高的接收功率电平。最后,该开关须具有非常好的隔离度,以确保高功率不会耦合到接收链路。

(3) 收发开关 5: 设立此开关的目的是保护 LNA 和接收机前端的敏感电路。当 AESA 切换到发射时,该开关切换到大功率负载。同时,此开关可以进一步增加收发之间的隔离度。

4.1.1.2　放大器

TRM 中需要几种不同类型的放大器。这里提到的放大器是通用放大器,用于平衡 RF 链路的增益并保持接收通道的噪声系数。图 4.4 给出了两个通用放大器,位于移相器和衰减器的前面。它们在共用移相器/衰减器链路上提供功率放大,降低预放和功放之前的发射损耗,另一方面控制由移相器和衰减器损耗造成的接收噪声系数恶化。

4.1.1.3　预放和功放

前置放大器和高功率放大器(HPA)的主要作用是为阵元输出要求的发射功率电平,以满足系统 ERP 要求。放大器须具有较好的线性度,并具有较佳的 P_{1dB} 性能(放大器开始压缩时的输出功率值)。半导体材料工艺的选择对于放大器很重要,以确保放大器在高温环境下仍然具有较高的增益。在机械方面,必须在组件内为这些放大器设计非常好的热沉,在许多情况下也可以使用液冷进行导热。随着 AESA 系统的工作带宽越来越宽,功放也必须支持更宽的工作频率;但这可能具有挑战性,因为在功放中可能产生非线性信号。

4.1.1.4　低噪放

类似于发射链路中功放的重要性,低噪声放大器(LNA)在接收链路中也发挥同样至关重要的作用。LNA 必须具有低噪声系数和高增益。如第 3 章所述,RF 接收链中的第一级放大器决定了整个接收链路的噪声系数。因此,在设计 LNA 或选择商业货架(COTS)器件时务必谨慎,因为 AESA 系统的 G/T 性能与 LNA 直接相关。

4.1.1.5　移相器

如前所述,移相器通过为每个 AESA 阵元设置合适的相移,使 AESA 能够电控阵列波束。理想情况下,移相器设置的相位应该是平滑连续的,但实际上它是量化的。移相器由 N 位或相位状态组成,用于近似波束控制所需的相位。例如,6 位移相器将具有 2^6 个相位状态,最低有效位(LSB)为 5.625°。在大多数应用中,如第 2 章所示,五六位对于获得良好的方向图性能足够了。

4.1.1.6　衰减器

衰减器可以实现与 AESA 中的增益控制相关的多种功能。如果 TRM 的增益过高,可以使用衰减器来降低信号电平并保持射频链路的平衡。通常,这用于补偿增益随频率和温度的变化。除了用于射频链路,衰减器还可用于阵列的幅度锥削以实现低副瓣电平。不过,这通常不是首选方法,因为它会导致额外的损耗并降低阵列增益效率。最后,衰减器还可用于降低阵列中的通道间误差,以降低由 AESA 误差导致的副瓣抬升。

4.1.1.7 环行器

与收发开关类似,环行器通常用于发射通道和接收通道的隔离。环行器需要满足天线阵元的工作带宽,承受 HPA 输出的高功率电平,并具有低损耗。环行器一般位于天线阵元与功放和低噪放之间的位置,因此是功放后和低噪放前的主要损耗来源之一。在功放之后,没有机会用额外的增益来补偿环行器的损耗,对于接收 LNA 输入端也是如此。随着阵列数值建模的发展,前端设计正在取消环行器,而采用收发开关代替,并通过阵元优化设计减少 TRM 和阵元之间的阻抗失配。

4.1.1.8 接收保护器件

接收保护器件(RP)的功能恰如其名。它可以保护接收链路免受高功率电平的损坏。接收保护器件旨在阻止任何高于某个阈值的功率进入阵元之后的接收链路。与环行器类似,它也位于低噪放之前;其插入损耗直接叠加到噪声系数。

4.1.1.9 滤波器

滤波器在 TRM 中有几种不同的功能。其一,滤波器可以用于发射链路 HPA 输出,抑制 HPA 的输出杂散。其二,滤波器可用于对发射和接收的倍频程(两倍及以上)宽带射频进行信道化。用于信道化的滤波器采用可调谐滤波器或可切换滤波器组。可调谐滤波器与开关切换滤波器相比,虽然更难设计加工,但具有不受频带分段中断限制的优点。

4.1.2 收发组件拓扑类型

图 4.4 给出了标准 TRM 的功能。它具有发射通道和接收通道,但无任何特殊滤波或集成。这种 TRM 拓扑支持雷达和电子战。对于电子战应用,这个 TRM 能够同时支持电子攻击(EA)和电子支援措施(ESM)。在本节中,将针对 AESA 不同的任务场景,介绍几种不同的 TRM 拓扑。

4.1.2.1 纯接收 TRM

对于诸如 ESM 或信号情报(SIGINT)纯接收的应用,TRM 不需要发射通道。这简化了 TRM,因为只需一个接收通道。图 4.5 给出了纯接收的 TRM 框图。通常情况下,纯接收的 AESA 一般用于宽带系统,并需要一定程度的信道化处理。此外,这种类型的 TRM 必须支持多个同步波束,从而增加了 TRM 中电子器件及线路的密度。

4.1.2.2 信道化 TRM

对于具有超过一个倍频程的大工作带宽的系统,通常需要信道化。这对 TRM 提出了宽带工作的要求,具体通过采用信道化滤波器完成。图 4.6 给出了

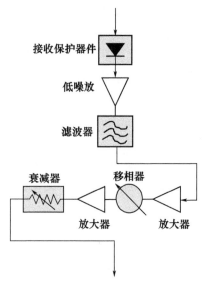

图 4.5　纯接收 TRM 不需要发射通道。

同样,纯接收 AESA 通常用于支持多波束以及信道化的宽带

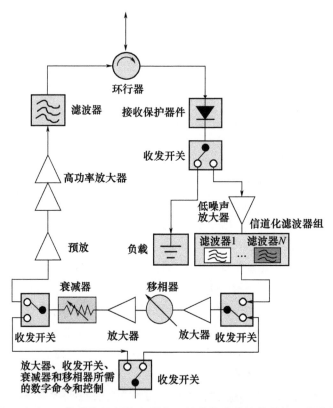

图 4.6　TRM 信道化抑制放大器产生的带外非线性信号输入接收机

接收通道采用信道化滤波器的 TRM 示意图。相同的设计也可以用于发射通道。可调谐滤波器是一种选择，因为它们没有信道化滤波器的带隙限制。AESA 在工作带宽内可以调谐到任何频率。调谐滤波器通常比信道化滤波器更具挑战性，但随着滤波器技术的进步，它们变得更易于使用。

TRM 中的信道化滤波器还能够提升线性性能。宽带放大器会产生高阶非线性信号。该滤波器能够在接收机之前和功放之前过滤不需要的非线性信号。

4.1.2.3 同时多波束 TRM

对于需要多个同时接收波束的应用，需要采用附加射频电路来支持同时波束工作。图 4.7 给出了 TRM 的附加电路框图。宽带低噪放的输出需要采用多工器，而多工器的每路输出都为独立链路。这增加了 TRM 电路的复杂度，须注意尽量减少所需的附加射频电路。

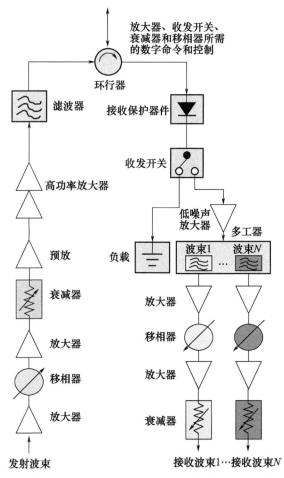

图 4.7　TRM 多工器和多个具有独立移相器和衰减器的通道实现同时多波束 AESA

4.1.2.4 多通道TRM

如前所述,TRM 是 AESA 成本的最大贡献者,可能占整个 AESA 成本的 40%~60%[4]。这是因为每个阵元都需要一个 TRM。为了最大限度地降低成本,将多个通道集成到同一个封装中,从而形成多通道TRM。这种 TRM 拓扑如图 4.8 所示。为了说明多通道集成 TRM 的优势,考虑一个 64(8×8)阵元 AESA。如果不采用多通道 TRM 方案,则需要 64 个 TRM。但是,通过将 4 个通道集成为一个 TRM,只需 16 个 TRM,每个 TRM 对应 4 个阵元。这有助于降低成本,同时简化了与波束成形器的互连。

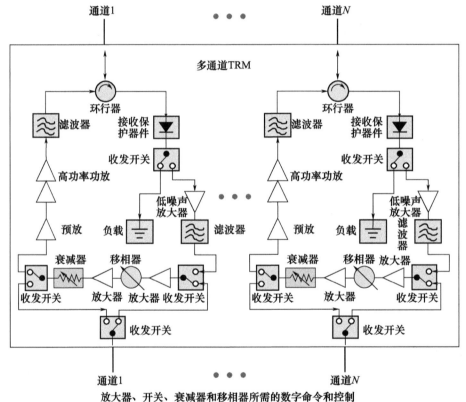

图 4.8 大规模 AESA 采用多通道 TRM 方案,不仅可以简化数字控制复杂度,同时减少 AESA 的尺寸、重量和成本

4.2 发射工作情况

在发射工作期间,TRM 的主要目的是将信号电平放大到满足 AESA 的 ERP 要求。这是由 HPA 完成的,通常其输入前级为前置放大器(预放),如图 4.4 所

示。HPA 一般增益值为 20dB 或更高。对于 AESA,HPA 通常采用单片微波集成电路(MMIC),通过热沉在 TRM 封装内进行集成。在 AESA 研发的早期,砷化镓(GaAs)是用作功放制造的主要半导体。GaAs 的关键属性是具有非常高的电阻率,从而使 RF 信号的传输损耗低[5]。

对于每个阵元输入功率大于 10 W 甚至 100W 的应用,氮化镓(GaN)已成为行业标准。GaAs 不太适合高功率应用[5];然而,GaN 不仅能够输出高功率,而且效率高。对于 ERP 要求高的应用,如雷达和 EA 系统,通常采用 GaN 功放。

4.2.1 效率和放大器类型

放大器的类型采用字母分类,用于定义性能参数以供在应用中选择。放大器的字母分类可以追溯到最早的电子时代[5]。在描述各种类型放大器之前,首先定义放大器的两个品质因数,即效率和功率附加效率(PAE)。放大器需要直流偏置电压产生射频输出功率。效率 η 用于描述放大器的直流输入功率和射频输出功率之间的关系,具体表示如下[5-6]:

$$\eta = \frac{P_{\text{out}}}{P_{\text{DC}}} \tag{4.2}$$

式中:P_{out} 为放大器的射频输出功率;P_{DC} 为直流输入功率。

放大器的效率通常随着直流输入功率增加而提高。通常情况,TRM 会有直流功率要求和输出射频功率要求,这决定了可用于 TRM 功放的放大器类型。

放大器的另一个有用的品质因数是 PAE,表示如下:

$$\text{PAE} = \frac{P_{\text{out}} - P_{\text{in}}}{P_{\text{DC}}} \tag{4.3}$$

如前所述,HPA 的输出射频功率可以是输入射频功率的 100(20dB 增益)~1000 倍(30dB 增益)。式(4.2)没有考虑输入射频功率,式(4.3)更好地量化了放大器的性能。式(4.3)可以进一步改写为[6]

$$\text{PAE} = \frac{P_{\text{out}} - P_{\text{in}}}{P_{\text{DC}}} = \left(1 - \frac{1}{G}\right)\frac{P_{\text{out}}}{P_{\text{DC}}} = \left(1 - \frac{1}{G}\right)\eta \tag{4.4}$$

式中:G 为放大器的功率增益。

确定了效率的定义后,就可以描述放大器类型了。放大器的类型描述了其输入电流是如何偏置的。A 类放大器具有非常好的线性度,最大理论效率为 50%[5],其电流在整个输入信号周期内的范围内都流通。大多数小信号和低噪声放大器都属于 A 类[6]。B 类放大器的偏置点位于其阈值,在无输入信号情况下不消耗电流[5]。B 类放大器的理论最大效率为 78%[5]。AB 类放大器与 A 类放大器相似,只是它们的偏置点更低。C 类放大器可以实现比 A 类、AB 类和 B 类更高的效率,但仅适用于使用恒定幅度调制的应用。D 类、E 类、F 类、J 类和 S

类放大器用于提高前面提到的类型放大器的效率,更适合小众应用。

4.2.2 P_{1dB}

放大器用于对输入功率进行放大,生成输出功率,如图4.9所示。理想情况下,期望输出功率随输入功率增加而线性增加。然而,放大器是非线性器件,并不存在这种理想情况。放大器会形成非线性产物,必须在其设计中予以考虑。

图4.9 放大器用于对输入功率进行放大生成输出功率,放大因子就是
放大器的增益,放大器输出功率等于输入功率乘以增益

图4.10给出了具有代表性的非线性放大器响应,表明输出功率是输入功率函数。在输入功率的某个范围内,其中输出功率是输入功率的线性函数。这个线性函数就是器件的增益。这个线性区域通常称为放大器的小信号响应。随着放大器功率的增加,输出功率不会无限地线性增加。

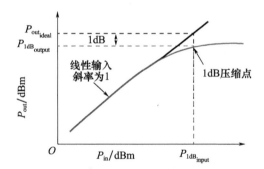

图4.10 在输入功率 P_{in} 的某个范围内,输出功率 P_{out} 是输入功率的线性函数。随着 P_{in} 增加,P_{out} 饱和并压缩。P_{1dB} 用于描述 P_{out} 比理想外推线性输出功率低1dB的功率点

相反,输出功率当达到某个阈值时开始饱和并滚降。这个特性称为压缩,这个区域通常称为放大器的大信号响应。采用 P_{1dB} 表征1dB压缩点的压缩行为。该压缩点是指输出功率比放大器理想增益斜率小1dB的点,如图4.10所示。这种关系可以表示为[6]

$$OP_{1dB} = (IP_{1dB} + G) - 1dB \tag{4.5}$$

式中:以 dB 为单位;OP 为放大器的输出功率;IP 为放大器的输入功率;G 为放大器增益。

在某些情况下,放大器的线性响应中存在响应不是线性的区域,称为增益压

缩,这对 TRM 设计提出了新挑战。因此,必须对线性响应的非线性区域以及随温度和频率的变化进行测量和表征。

对于要求高 ERP 的应用,如雷达和 EA,AESA 的功放工作在 P_{1dB} 点或附近。这是因为放大器在该区域内效率最高。TRM 输出功率的表征必须考虑随频率和温度范围的变化,以确保 HPA 不会被过度压缩,同时驱动足够大以确保最大效率。随着 AESA 发射向同时多波束发展,需要修改功放的工作要求。HPA 必须从压缩点回退,以使多波束信号不会在 HPA 输出形成高阶产物和/或使放大器输出过饱和。一般来说,功放必须回退 20lg(输入信号数量)。这可以通过使用预失真技术[5]和/或对放大器响应的更高保真度表征来缓解。

4.2.3 线性度

4.2.3.1 谐波和互调

传统上,当讨论线性度时,通常假定针对接收。然而,随着对宽带 AESA 发射的关注日益增加,线性度也同样重要。例如,当 AESA 在其他任务关键系统附近工作时,要求 AESA 不会干扰通信链路。宽带 AESA 可能会在通信链路频率上产生谐波和互调产物,从而造成干扰。这对于 EA 应用尤为重要,因为 AESA 可能会无意地干扰甚至阻塞同一平台上的有效载荷。

要了解放大器是如何产生非线性的,需要考虑放大器对输入电压信号的响应。放大器响应作用于输入电压 V_{in},相应的输入功率为 $P_{in} = |V_{in}|^2$。放大器的输出电压可以用幂级数表示为

$$V_{out} = a_0 + a_1 V_{in} + a_2 V_{in}^2 + a_3 V_{in}^3 + \cdots + a_n V_{in}^n \tag{4.6}$$

式中:a_0 为直流项;a_1 为线性增益;a_n 为放大器产生的高阶产物的增益。

通常不考虑 $n>3$ 的高阶产物,因为其幅度与基波信号($n=1$)相比较小。

为了表征线性性能,通常考虑两类输入,分别为单音输入和双音输入。对于单音性能,放大器输入电压为

$$V_{in} = V_0 \cos(\omega_1 t) \tag{4.7}$$

将式(4.7)代入式(4.6),得到

$$V_{out} = a_0 + a_1 V_0 \cos(\omega_1 t) + a_2 V_0^2 \cos^2(\omega_1 t) + a_3 V_0^3 (\omega_1 t) + \cdots \tag{4.8}$$

结合三角恒等式,式(4.8)中用于表示高阶输出电压的高阶项可展开为基频 ω_1 倍频的线性频率分量。其中,下角 1 表示基频,稍后在描述双音输入时,将使用数字 2 作为下角来表示另一个输入电压项的频率。

下面将式(4.8)中的二阶项进行具体展开分析,以此为例说明如何将高阶项表示为放大器输出的线性频率分量。使用的三角半角公式如下:

$$\cos^2(A) = \frac{1 + \cos(2A)}{2} \tag{4.9}$$

式(4.8)中的二阶项可以表示为

$$a_2 V_0^2 \cos^2(\omega_1 t) = a_2 V_0^2 \frac{1 + \cos(2\omega_1 t)}{2} = \frac{a_2 V_0^2}{2} + \frac{a_2 V_0^2 \cos(2\omega_1 t)}{2} \quad (4.10)$$

式(4.10)表明,式(4.8)中的平方项在放大器输出端产生谐波,该谐波是输入信号基频的2倍。这也适用于其他高阶分量。基频为 ω_1 的单音输入将在放大器的输出端产生频率为 $2\omega_1$、$3\omega_1$、$\cdots$、$n\omega_1$ 的谐波,如图4.11所示。为了抑制谐波,可以在TRM的输出端使用滤波器来滤除谐波。由于谐波幅度随着阶数的增加而减小,通常主要关注二次谐波和三次谐波,因此可以通过滤波器来抑制。

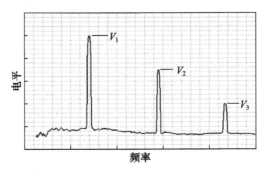

图4.11 基波、二次谐波和三次谐波随着谐波阶数增加,其幅度减小

双音输入是指两个信号合路后输入放大器。这是一种非常重要的输入情况,因为双音产生的互调产物在许多情况下不能过滤,必须通过采用高线性度的发射HPA(对于接收是LNA)或谨慎控制发射信号链路增益来解决。为了准确表征TRM的线性性能,必须测量双音输入情况的性能,以确保AESA达到令人满意的性能。

为表示双音放大器输出,输入电压可表示为

$$V_{\text{in}} = V_0 [\cos(\omega_1 t) + \cos(\omega_2 t)] \quad (4.11)$$

这里假设不同频率的输入具有相同的幅度,实际上并非总是如此;但是这足以表征性能。将式(4.11)代入式(4.8)得到:

$$V_{\text{out}} = a_0 + a_1 V_0 [\cos(\omega_1 t) + \cos(\omega_2 t)] + a_2 V_0^2 [\cos(\omega_1 t) + \cos(\omega_2 t)]^2 + a_3 V_0^3 [\cos(\omega_1 t) + \cos(\omega_2 t)]^3 + \cdots$$

$$(4.12)$$

使用三角函数公式将式(4.12)展开,会产生互调频率分量,具体形式为[6]

$$p\omega_1 + q\omega_2 \quad (p, q = 0, \pm 1, \pm 2, \pm 3, \cdots) \quad (4.13)$$

图4.12给出了式(4.13)中描述的直到四阶的互调产物。

图4.12中显示的大多数互调都可以用带通滤波器或低通滤波器滤除。然

而,$2\omega_1-\omega_2$ 和 $2\omega_2-\omega_1$ 形式的互调不易滤除。无论对于窄带 AESA 还是宽带 AESA,处理这些互调都具有挑战性,通常也是决定 AESA 线性性能的最主要因素。

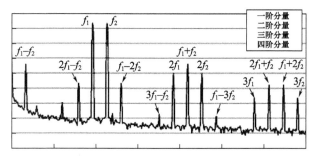

图 4.12　双音输入放大器会产生谐波和互调。这种输入条件对于宽带系统可能非常具有挑战性。因此,TRM 须经过充分测试,以确保非线性产物相对于基频信号的输入电平足够低(见彩插)

4.2.3.2 截取点

4.2.3.1 节描述了非线性器件,特别是 TRM 中的放大器,是如何产生互调产物的。类似于 P_{1dB},互调功率也可以表示为线性输入功率的函数,该表达式称为截取点。如前所述,阶数大于三阶的互调产物的幅度比基频小得多,或者很容易滤除,如图 4.12 所示。因此,二阶截取点(IP_2)和三阶截取点(IP_3)主要用于评估线性性能。

图 4.13 描述了非线性器件的 IP_2 和 IP_3。截取点为输出基频分量功率等于输出 n 阶分量的功率时对应的功率电平,如图 4.13 所示。该定义基于基频和 n 阶分量功率的理想斜率;然而,如前所述和图 4.13 所示,基频功率输出会出现压缩,并不会无限地连续线性。相同的压缩行为也适用于 n 阶功率电平,如图 4.14 中所示的 IP_3[6]。

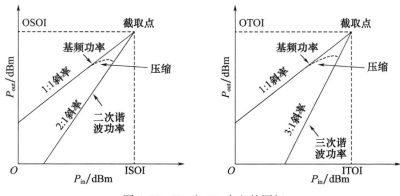

图 4.13　IP_2 和 IP_3 定义的图解

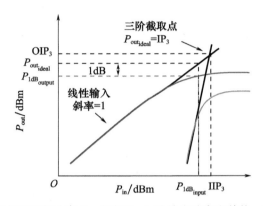

图 4.14 类似于基频功率 P_{1dB} 的概念,三阶输出功率和其他 n 阶输出功率也存在压缩现象。截取点采用的是基频和 n 阶功率的线性斜率

n 阶输出功率可以表示为基频输出功率和输出截取点的函数,可以写成(见附录 D):

$$P_{o_n} = nP_{o_1} + (1-n)\text{OIP}_n \tag{4.14}$$

式中:P_{o_n} 为 n 阶输出功率;P_{o_1} 为基频输出功率;OIP 为输出截取点。

通过重新整理式(4.14),OIP_n 可以表示为

$$\text{OIP}_n = \frac{1}{(1-n)}P_{o_n} - \frac{n}{(1-n)}P_{o_1} \tag{4.15}$$

输入截取点 IIP_n 与输出截取点 OIP_n 的关系如下:

$$\text{OIP}_n = G + \text{IIP}_n \tag{4.16}$$

使用式(4.14)可得出 OIP_2 和 OIP_3 的表达式:

$$\begin{cases} \text{OIP}_2 = 2P_{o_1} - P_{o_2} \\ \text{OIP}_3 = \dfrac{3}{2}P_{o_1} - \dfrac{1}{2}P_{o_3} \end{cases} \tag{4.17}$$

重新审视式(4.14),可以看出非线性功率 P_{o_n} 随着 IP 的增加反而减小。对于非线性器件(AESA 中的 TRM),更高的 IP 对应着线性性能的提升。此外,式(4.14)可用于推导 AESA 的无杂散动态范围(SFDR)的表达式。这将在第 6 章中详细阐述。

4.2.4 宽带工作

随着对宽带 AESA 需求的不断增加,TRM 要求能够支持更大的带宽,覆盖多个倍频程。此外,发射多个同时波束也是 AESA 的关键能力。而宽带和/或同时多波束对发射的影响,导致在功放之后需要进行滤波。对于单个发射波束的亚倍频程 AESA 来说,图 4.4 中功放之后的滤波器是不需要的;此滤波器仅有助

于抑制带外谐波和互调。

对于多倍频程 AESA,TRM 必须在工作带宽内的任意频率发射。例如,考虑一个工作带宽为 1~4GHz 的 AESA,TRM 中 HPA 的工作频带必须覆盖 1~4GHz。根据前面关于线性度的讨论,这意味着当放大器工作在 1~2GHz 范围内时,会产生 2~4GHz 的带内和带外谐波(可以通过滤波进行抑制)。带内谐波将影响系统的射频特征,这可能成为问题,具体取决于应用。当放大器工作在 2~4GHz 范围内时也会产生带外谐波。这些非线性产物可以通过滤波进行抑制,如图 4.15 所示。

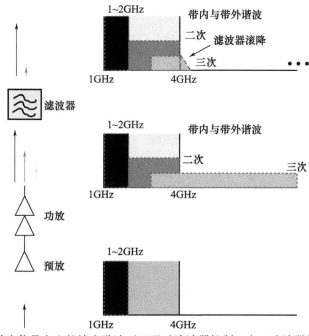

图 4.15 带内信号产生的输出谐波可以通过滤波器抑制。由于滤波器的有限滚降,一小部分谐波能量仍然存留,且随着滤波器的滚降而减小

同时多波束表现出与多倍频程工作时相同的现象。将多个不同频率的信号输入 HPA 中,会产生谐波和互调。功放后的滤波器可以滤除带外非线性产物,如图 4.16 所示。然而,它不能解决带内非线性问题,该问题必须通过改善 HPA 的截取点来解决。

4.2.4.1 非线性波束

前面的部分讨论了有源非线性器件产生的谐波、互调及其截取点。随着宽带 AESA 的普及,器件的非线性问题日益重要,因为 TRM 中的 HPA 和 LNA 也必须是宽带的,以支持系统并驱动发射和接收性能。对于支持多倍频程工作带宽的 AESA 架构,必须对这种现象进行建模和分析,以降低对系统性能的影响。

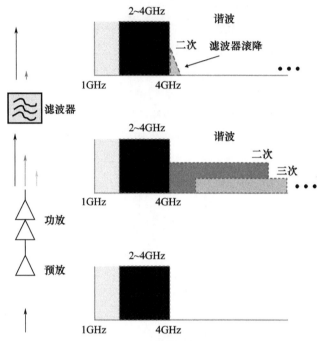

图 4.16 对于多倍频程 AESA,带内信号将产生带内和带外非线性。
带外的杂散产物可以滤除,但带内杂散产物无法滤除并保留在带内

关于 HPA 谐波通过有源相控阵进行波束辐射的分析,最初是在 20 世纪 70 年代研究的[7],但当时的 AESA 不是宽带的。随着 AESA 工作带宽的增加,相关案例开展了进一步研究[8-10]。

本节给出的表达式基于一维 AESA,同时也适用于二维情况。表达式可以从本章二维 AESA 框架中推导出。这里重点说明发射情况,使用相同的方法,也能得出接收情况的影响。

以图 4.17 所示的 HPA 为例进行分析。一个经过相移的单个信号输入 HPA。根据式(4.6),HPA 的输出将包括基频(频率为 ω_0 的发射信号)和 n 次谐波。如前所述,大于三阶的谐波被滤除或者被抑制到足够低电平。使用一维线性 AESA 的表达式,放大器 n 阶输出的 AF 可以写为

$$\mathrm{AF}_n = \sum_{n=1}^{N} a_n e^{j\left[n\omega t + x_n\left(\frac{\omega}{c}\sin\theta - \frac{\omega_0}{c}\sin\theta_0\right)\right]} \quad (n=1,2,\cdots) \quad (4.18)$$

当 $\theta = \arcsin\left(\dfrac{\omega_0 \sin\theta_0}{\omega}\right)$ 时,n 阶 AF 将取最大值;当 $\omega = \omega_0$ 时,$\theta = \theta_0$。此时,基频、二次谐波、三次谐波和更高次谐波的 AF 将在相同的扫描角度处具有最大值[9],较高的频率对应较窄的波束宽度。

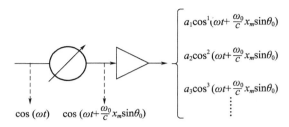

图4.17 发射信号在输入HPA之前进行了相移,然后HPA产生的谐波信号类似基频也会相干合成,从而形成非线性谐波波束

对于同时发射多个信号的AESA,如图4.18所示,使用相同的方法也可以计算出非线性AF最大值对应的角度。这在文献[9]中有深入的阐述,表4.3给出了相关的内容。

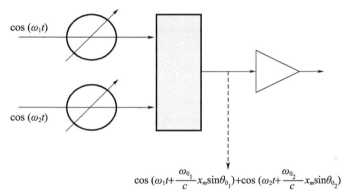

图4.18 对于发射双音输入的情况,两个相移后的信号合成,然后输入HPA。这两个相移信号将产生谐波和互调,并形成AESA辐射波束

表4.3 发射谐波和互调波束的波束角

描述	频率	波束角
基频1(二次/三次谐波)	$f_1(2f_1,3f_1)$	θ_1
基频2(二次/三次谐波)	$f_2(2f_2,3f_2)$	θ_2
三阶差频组合分量	$2f_1-f_2$	$\theta=\arcsin\left(\dfrac{2f_1\sin\theta_1-f_2\sin\theta_2}{2f_1-f_2}\right)$
	$2f_2-f_1$	$\theta=\arcsin\left(\dfrac{2f_2\sin\theta_2-f_1\sin\theta_1}{2f_2-f_1}\right)$
二阶差频组合分量	f_1-f_2	$\theta=\arcsin\left(\dfrac{f_1\sin\theta_1-f_2\sin\theta_2}{f_1-f_2}\right)$
二阶和频组合分量	f_1+f_2	$\theta=\arcsin\left(\dfrac{f_1\sin\theta_1+f_2\sin\theta_2}{f_1+f_2}\right)$

续表

描述	频率	波束角
三阶和频组合分量	$2f_1+f_2$	$\theta = \arcsin\left(\dfrac{2f_1\sin\theta_1 + f_2\sin\theta_2}{2f_1 - f_2}\right)$
	$2f_2+f_1$	$\theta = \arcsin\left(\dfrac{2f_2\sin\theta_2 + f_1\sin\theta_1}{2f_2 - f_1}\right)$

4.2.5 输出匹配导致的热影响

第3章介绍了阵元的有源匹配,分析表明有源匹配随频率和扫描角度变化而变化。这意味着TRM的输出阻抗也是随频率和扫描角度变化的,这对AESA来说是一个挑战,因为AESA需要同时支持宽带和宽角扫描。

根据微波电路理论,当两个具有不同阻抗的射频电路连接时,会产生驻波[6]。第3章给出了反射功率可以表示为$|\Gamma|^2$。当工作在发射状态时,TRM会同时看到发射功率和反射功率,对较大的$|\Gamma|^2$会导致热负载升高。TRM必须处理的热冷却功率为$1+|\Gamma|^2$。例如,考虑发射功率为100W的TRM,假定$|\Gamma|=0.5W,25W(100W\times0.5^2)$的功率将反射回TRM,TRM需要处理的总功率为125W。如果在本示例中的AESA有100阵元,则意味着热耗需要考虑额外的2.5kW。如果反射功率在要求的带宽和扫描范围内没有尽可能地减小,就需要开展相关的AESA热设计。

4.3 接收工作情况

对于接收而言,LNA是关键且决定了TRM的接收性能。LNA是AESA射频链中的第一级放大器,是决定噪声系数和线性度的关键因素。一般要求LNA增益大于等于20dB且具有低①的噪声系数NF(NF=10lgF)。对于任何射频链路,级联噪声因子表示如下[6,11]:

$$F_{\text{cascaded}} = F_1 + \frac{F_2 - 1}{G_1} + \frac{F_3 - 1}{G_1 \cdot G_2} + \cdots \quad (4.19)$$

式中:F_1为LNA的噪声因子;G_1为LNA的增益。

对于较大的G_1值,$F_{\text{cascaded}} \approx F_1$。这就是为什么期望LNA的增益较大且噪声系数NF较小的原因。如第1章所讨论的,AESA的噪声系数NF直接影响AESA系统的灵敏度(G/T)。

除了接收灵敏度性能,TRM还在接收时由LNA引入非线性。前面讨论的用

---

① 低是相对的,取决于工作频率和带宽。对于有限带宽应用,可获得约1dB噪声系数的LNA,对于多倍频程应用,噪声系数更大。

于发射的线性原理直接适用于 TRM 接收。不同之处在于,对于接收 LNA 是主要贡献者而不是功放。对于宽带系统,滤波器组通常放置在低噪放之后,如图 4.7 所示。这使得谐波和互调可以在 AESA 的接收输出之前被滤波,并最大限度地抑制输出给变频器和接收机的非线性信号。接收的一个主要区别是,输入功率不仅包含信号,还包含来自环境的其他射频能量。这些发射源可以是友好的或敌对的,且其频率可能落在 AESA 的工作带内或带外。这就有要求 LNA 具有良好的线性度(较高的截取点)。通常在 LNA 之后还会有其他增益放大器,放大 LNA 生成的非线性信号,如果在设计中没有考虑到这些非线性信号,可能会损害接收机的性能。

类似地,接收的环境干扰也会影响 P_{1dB}。来自环境的大信号会入射到 AESA,使 TRM 的 LNA 饱和并损坏它。接收保护器件(图 4.5)用于对输入功率进行限幅以免损坏,但对于饱和功率电平,LNA 只能独立工作。因此,需要从系统层面分析和确定 LNA 将承受的最大环境功率,然后将其分解为 TRM 的 P_{1dB} 的要求。LNA 之后的任何放大器级也遵循相同的分析流程。如果任何器件饱和,则接收机将接收到它可以处理的最大信号功率,并降低整个系统的动态范围。

4.4 可靠性[①]

既然 AESA 由大量 TRM 组成,人们自然会从逻辑上认为 TRM 是决定系统可靠性的关键因素。然而,与直觉相反的是,TRM 提高了系统的可靠性,并提供了通常所说的"优雅降级"能力。TRM 对 AESA 来说不是单点失效的来源[②]。TRM 的分布式特性使阵元失效对系统性能的影响最小,包括 RRE 中的 P_{TX}、G 和 SNR。正如第 1 章所讨论的,这也是 AESA 相对 MSA 最大的优势之一。在 MSA 中,只有一个 HPA 和 LNA,如果失效,系统将无法运行。对于 AESA,即使一定比例的 TRM 失效,AESA 也能以可接受的性能继续工作,这种类型的降级只适用于大规模 AESA。例如,1000 阵元的 AESA 将显示出"优雅降级"能力,但 100 阵元的 AESA 可能不会。对于本节的其余部分,分析只关注大规模 AESA。因为大规模是不可量化的,且"优雅降级"与工作带宽有关,因此"大规模"也必须根据具体情况进行评估。

不同任务对 AESA 系统的可靠性要求也不同。对于系统具有较低工作负载率的任务应用,当系统不使用时,可以进行维修。在这些情况下,MTBF 是适用的,并经过优化,可以提供多个工作负载周期的可用性。对于工作负载高且系统

[①] 本节内容基于 Bill Hopwood 先生的论述。
[②] 相同的说法也可用于阵元和波束成形器,这两种部件都是无源的,都具有高可靠性。

无法维修的应用，MTBF 不是很相关。因此，系统必须建立冗余，以确保阵元失效的概率极低。在这种情况下，图 4.7 描述的 TRM 拓扑具有很大的优势。当其他波束通路失效时，具有多个同时波束的系统可以恢复到单波束工作模式，提供了波束的冗余备份。

本节将介绍一种计算 AESA 阵元失效概率以及平均无故障工作时间（MTBF）的方法。尽管对于 AESA 系统，总是进行系统级可靠性分析，但在本章中 TRM 将是可靠性讨论的重点。阵元失效和 MTBF 对系统的表征都是非常重要的。如果有足够多的阵元出现故障，AESA 将无法工作，这将影响系统的可用性。对于提供重要情报信息或保护作战人员生命安全的系统，从可靠性的角度评估设计必须是稳健的。此外，失效阵元可能导致更高的副瓣电平，降低副瓣杂波抑制能力，更易受到有意/无意副瓣干扰。最后，如第 2 章所述，失效阵元将导致 P_{TX} 和 G 的降低。

4.4.1 阵元失效概率

二项式密度函数可以用来计算系统中一定数量阵元失效的概率[12]。此方法假设 TRM 要么完全正常工作或完全失效不可用。每个阵元正常工作的概率为 P，不工作的概率 $1-P$，二者的和为 1。下面以 4 阵元 AESA 为例，如图 4.19 所示。在这个例子中，采用二项式方法计算 AESA 中 4 个或少于 4 个 TRM 失效的概率。

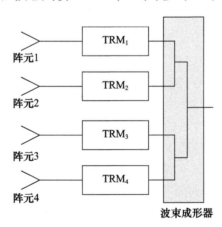

图 4.19 4 阵元 AESA 用于计算阵元失效概率的示例

表 4.4 给出了 AESA 所有可能状态的真值表和阵元失效概率。所有 4 个 TRM 都正常工作或零故障的概率为 0.6561，而所有 4 个模块都不工作的概率为 0.0001。每个状态的累积概率也被计算出来。随着阵元数量的增加，确定特定失效状态的累积概率所需的计算数量也会增加，这使得蛮力方法对于大规模阵列非常低效。而这种情况可以采用二项式概率质量函数。二项式概率质量函数 $b(i,N,P)$ 用于计算 N 次试验中恰好 i 次成功的概率，其中 P 是每次成功的概

率。该函数假设每次试验是相互独立的。二项式概率质量函数可以表达为

$$b(i,N,P) = \frac{N!}{i!(N-i)!}p^i(1-p)^{N-i} \qquad (4.20)$$

成功 F 次或少于 F 次的概率为

$$P(\text{成功次数} \leq F) = \sum_{i=0}^{F} b(i,N,P) \qquad (4.21)$$

式(4.21)即单个概率之和。下面采用二项式概率质量函数计算前面 4 阵元 AESA 示例的概率。4 个模块都正常工作的概率为

$$b(4,4,0.9) = \frac{4!\,0.9^4(1-0.9)^{(4-4)}}{4!(4-4)!} = 0.9^4 = 0.6561 \qquad (4.22)$$

表 4.4 图 4.19 中 4 阵元 AESA 对应的真值表和阵元失效概率

2^N 状态	阵元状态	失效概率	失效阵元数
1	WWWW	0.9×0.9×0.9×0.9 = 0.6561	0
2	WWWF	0.9×0.9×0.9×0.1 = 0.0729	1
3	WWFW	0.9×0.9×0.1×0.9 = 0.0729	1
4	WWFF	0.9×0.9×0.1×0.1 = 0.0081	2
5	WFWW	0.9×0.1×0.9×0.9 = 0.0729	1
6	WFWF	0.9×0.1×0.9×0.1 = 0.0081	2
7	WFFW	0.9×0.1×0.1×0.9 = 0.0081	2
8	WFFF	0.9×0.1×0.1×0.1 = 0.0009	3
9	FWWW	0.1×0.9×0.9×0.9 = 0.0729	1
10	FWWF	0.1×0.9×0.9×0.1 = 0.0081	2
11	FWFW	0.1×0.9×0.1×0.9 = 0.0081	2
12	FWFF	0.1×0.9×0.1×0.1 = 0.0009	3
13	FFWW	0.1×0.1×0.9×0.9 = 0.0081	2
14	FFWF	0.1×0.1×0.9×0.1 = 0.0009	3
15	FFFW	0.1×0.1×0.1×0.9 = 0.0009	3
16	FFFF	0.1×0.1×0.1×0.1 = 0.0001	4
4 个或少于 4 个阵元失效的概率 = 0.6561+0.2916+0.0486+0.0036+0.0001 = 1			
F 对应的失效状态	状态数	失效概率	累积概率
$F=0$	1	0.6561	0.6561
$F=1$	4	0.0729	0.2916
$F=2$	6	0.0081	0.0486
$F=3$	4	0.0009	0.0036
$F=4$	1	0.0001	0.0001

注:N:天线阵元数;W:阵元工作;F:阵元失效。

类似地，4个TRM中分别有3个、2个、1个或0个正常工作的概率分别为

$$b(3,4,0.9) = \frac{4! \ 0.9^3(1-0.9)^{(4-3)}}{3! \ (4-3)!} = \frac{4 \times 3 \times 2 \times 1}{3 \times 2 \times 1} 0.9^3 \times 0.1 = 0.2916 \tag{4.23}$$

$$b(2,4,0.9) = \frac{4! \ 0.9^2(1-0.9)^{(4-2)}}{2! \ (4-2)!} = \frac{4 \times 3 \times 2 \times 1}{2 \times 1 \times 2 \times 1} 0.9^2 \times 0.1^2 = 0.0486 \tag{4.24}$$

$$b(1,4,0.9) = \frac{4! \ 0.9^1(1-0.9)^{(4-1)}}{4! \ (4-1)!} = \frac{4 \times 3 \times 2 \times 1}{1 \times 3 \times 2 \times 1} 0.9^1 \times 0.1^3 = 0.0036 \tag{4.25}$$

$$b(0,4,0.9) = \frac{4! \ 0.9^0(1-0.9)^{(4-0)}}{4! \ (4-0)!} = \frac{4 \times 3 \times 2 \times 1}{1 \times 4 \times 3 \times 2 \times 1} 0.9^0 \times 0.1^4 = 0.0001 \tag{4.26}$$

$$0.6561 + 0.2916 + 0.0486 + 0.0036 + 0.0001 = 1 \tag{4.27}$$

以上5个概率之和等于1，如表4.4所列。二项式分布函数是计算大规模AESA工作模块数概率的一种有效方法。

4.4.2 平均无故障时间

平均无故障时间(MTBF)为系统故障间隔的平均时间。对于AESA，可以采用式(4.28)进行量化[12]：

$$\text{MTBF} = \frac{\text{大规模阵元的总工作时长}}{\text{工作时长内总的故障次数}} \tag{4.28}$$

MTBF提供了一种量化故障之间预测时间的方法。下面给出一个计算MTBF的例子，考虑一个由200个TRM组成的AESA，工作时长为10000h，其间共发生了5次故障。利用式(4.29)可以计算出MTBF：

$$\text{MTBF}_{\text{AESA}} = \frac{200 \times 10000}{5} = 400000(\text{h}) \tag{4.29}$$

在设计AESA时，还有一种方法计算MTBF，该方法使用TRM故障率计算MTBF，通过一个公式将TRM故障率与AESA的MTBF联系起来。下面将介绍这种方法。

通常情况，首先给出系统级MTBF要求，然后分解到TRM。因为AESA中的分布式TRM数量大，单个故障并不会使整个AESA或系统失效。为了提高稳健性，可以通过增加MMIC集成、改进制造工艺或降低模块工作温度[2]，改善TRM的MTBF。要确定可接受的故障数量，需要通过允许的峰值SLL和/或增益减少量，确定阵元的最大失效率。文献[2]提供了一个示例，使用副瓣电平来确定允

许的阵元失效比例。

考虑到阵元的故障率,采用可靠度函数 $R(t)$ 可计算 $\text{MTBF}_{\text{AESA}}$,式(4.30)给出了单个阵元的情况:

$$\text{MTBF}_{\text{E}} = \int_0^\infty R_{\text{E}}(t)\,\text{d}t \tag{4.30}$$

式中:MTBF_{E} 为单个阵元的 MTBF,$R_{\text{E}}(t)$ 可定义为

$$R_{\text{E}}(t) = e^{-\lambda_{\text{E}} t} \tag{4.31}$$

其中,λ_{E} 为阵元失效率。

将式(4.31)代入式(4.30),可得

$$\text{MTBF}_{\text{E}} = \int_0^\infty e^{-\lambda_{\text{E}} t}\,\text{d}t = \frac{1}{\lambda_{\text{E}}} \tag{4.32}$$

利用二项式分布函数,对于不大于 F 个阵元失效的情况,$\text{MTBF}_{\text{AESA}}$ 可定义为

$$R_{\text{AESA}}(t) = \sum_{i=0}^{F} b(i, N, R_{\text{E}}(t)) \tag{4.33}$$

式中:R_{AESA} 为 AESA 可靠性函数。

此时,AESA 的 MTBF 可表示为

$$\text{MTBF}_{\text{AESA}} = \int_0^\infty R_{\text{AESA}}(t)\,\text{d}t \tag{4.34}$$

结合式(4.33)和式(4.34),$\text{MTBF}_{\text{AESA}}$ 可表示为

$$\text{MTBF}_{\text{AESA}} = \sum_{i=0}^{F} \int_0^\infty \frac{N!}{i!\,(N-i)!}(1 - e^{-\lambda_{\text{E}} t})_i e^{-\lambda_{\text{E}} t(N-i)}\,\text{d}t \tag{4.35}$$

式(4.35)通过处理可以简化为

$$\text{MTBF}_{\text{AESA}} = \frac{1}{\lambda_{\text{E}}} \sum_{i=0}^{F} \frac{1}{N-i} \approx \frac{1}{\lambda_{\text{E}}} \frac{F}{N} = \text{MTBF}_{\text{E}} \frac{F}{N} \tag{4.36}$$

因此,$\text{MTBF}_{\text{AESA}}$ 约等于 MTBF_{E} 乘以失效阵元比例。例如,如果 MTBF_{E} 为 1×10^6 h,则 $\lambda_{\text{E}} = 1 \times 10^{-6}$,如果允许 5% 的故障率($F/N = 0.05$),则 $\text{MTBF}_{\text{AESA}}$ 为 $0.05 \times 1 \times 10^6 = 50000$ h。

前面的推导基于以下假设:一个阵元的失效等价于一个 TRM 的失效。在实际系统中,故障率也必须考虑支撑 TRM 的其他组件,如电源和控制模块。式(4.36)中的 MTBF 表达式也可以应用于其他支撑 TRM 工作的器件[2]。

除了可靠性指标之外,可用性也是一个重要的参数,可表示为[2]

$$\text{可用性} = \frac{\text{MTBF}_{\text{AESA}}}{\text{MTBF}_{\text{AESA}} + \text{MTTR}_{\text{AESA}}} \tag{4.37}$$

式中:$\text{MTTR}_{\text{AESA}}$ 为维修或更换 AESA 故障部件的平均时间[2]。

可以通过增加 $\text{MTBF}_{\text{AESA}}$ 和/或降低 $\text{MTTR}_{\text{AESA}}$,实现可用性的最大化。

参考文献

[1] Holter, H., and Steyskal, H. "On the size requirement for finite phased-array models." *IEEE Transactions on Antennas and Propagation*, pp. 836-840, 2002.

[2] Agrawal, A. K., and Holzman, E. L. "Active phased array design for high reliability." *IEEE Transactions on Aerospace and Electronic Systems*, pp. 1204-1211, 1999.

[3] McQuiddy Jr., D. N, Gassner, R. L., Hull, P., Mason, J. S., and Bedinger, J. M. "Transmit/receive module technology for x-band active array radar." *Proceedings of the IEEE*, pp. 308-341, 1991.

[4] Agrawal, A., Clark, R., and Komiak, J. "T/r module architecture tradeoffs for phased array antennas." *IEEE MTT-S International Microwave Symposium Digest*, pp. 995-998, 1999.

[5] Walker, J. L. B. *Handbook of RF and Microwave Power Amplifiers*. Cambridge University Press, 2012.

[6] Pozar, D. M.. *Microwave Engineering*. John Wiley & Sons, Inc., 2012.

[7] Sandrin, W. "Spatial distribution of intermodulation products in active phased array antennas." *IEEE Transactions on Antennas and Propagation*, pp. 864-868, 1973.

[8] Chun, W., Kexin, L., Mingliang, H., and Jing, D. "Comments on 'pattern characteristics of harmonic and intermodulation products in broad-band active transmit arrays.'" 2016 11th International Symposium on Antennas, Propagation and EM Theory, pp. 31-34, 2016.

[9] Hemmi, C. "Pattern characteristics of harmonic and intermodulation products in broadband active transmit arrays." *IEEE Transactions on Antennas and Propagation*, pp. 858-865, 2002.

[10] Loyka, S. "Comments on 'Pattern characteristics of harmonic and intermodulation products in broad-band active transmit arrays'." *IEEE Transactions on Antennas and Propagation*, p. 1683, 2003.

[11] Pettai, R. *Noise in Receiving Systems*. John Wiley & Sons, 1984.

[12] Brown A. D. *Electronically Scanned Arrays: MATLAB ® Modeling and Simulation*. CRC Press, 2012.

第 5 章 波束成形器

5.1 引言

AESA 中的波束成形器在发射时分配射频能量,在接收时合成射频能量。由于波束成形器发挥分配函数的作用,有时也称流形。图 5.1 给出了波束成形器在 AESA 框图中的位置。

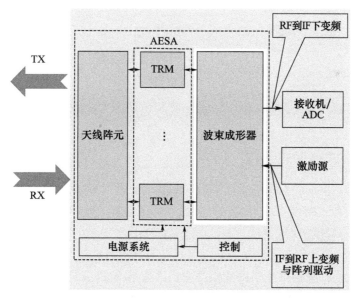

图 5.1　AESA 中的波束成形器在发射时分配射频能量,在接收时合成射频能量

在发射时,波束成形器通过系统激励源产生的调制电压波形获取发射功率。该电压先由波束成形器分配到每个阵元通道;再由适当施加相移的 TRM 放大;最后由阵元在空间上发射出去,如图 5.2 所示。发射波束是阵列在指定扫描角度 θ_0 的远场上形成的。

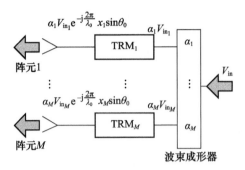

图 5.2　在发射时，AESA 波束成形器将发射波形电压分配至各个阵元

在接收时，波束成形器不再是分配电压，而是从阵元接收电压，并通过 TRM 进行相移，如图 5.3 所示。波束成形器的输出信号发送给接收机。

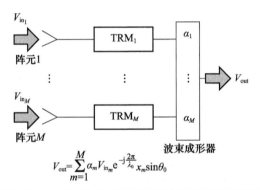

图 5.3　在接收时，AESA 波束成形器将每个阵元的接收信号进行合成

5.1.1　砖式和瓦式架构

波束成形器通常采用基于印制电路板工艺的带状线或微带电路实现射频电压分配。其他适用波束成形器的传输介质还包括波导和同轴线[1]。现代的 AESA 通常使用微带/带状线，因为它们体积较小，同时对于大规模 AESA 更容易建模和制造。

对波束成形器的一个架构约束是 AESA 是采用砖式还是瓦式实现架构，这里指的是 AESA 的组装方式。砖式架构如图 5.4 所示，TRM 为包含一个或多个发送和接收通道的分立硬件组件；它们垂直于阵面安装，并且比瓦式架构具有更大的剖面高度[2]。波束成形器与 TRM 垂直对接安装。

对于可用空间不受限制的应用，如舰船，砖式架构因其散热优势而具有吸引力。与瓦式架构相比，砖式架构由于高度高更有利于散热设计。砖式架构的另一个优势是与宽带阵元如开槽天线（分立 Vivaldi 阵元/喇叭阵元）的兼容性。然

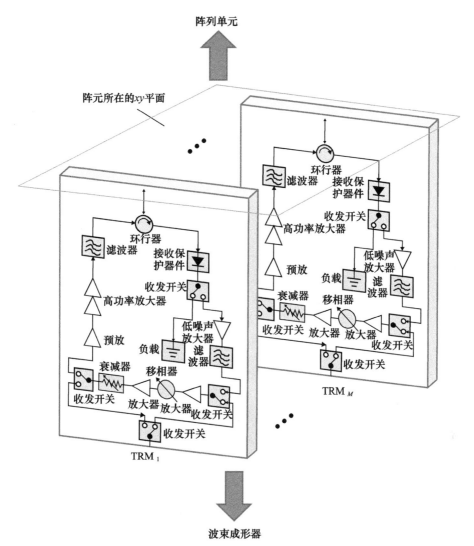

图 5.4 在 AESA 砖式架构中,TRM 组件垂直于阵元平面,
波束成形器与 TRM 组件的另一侧相连

而,从质量的角度来看,砖式架构相控阵对于有尺寸、质量和功耗(SWaP)限制的应用而言,未必适用。对于砖式架构,波束成形器通常不与阵元和 TRM 组件进行一体化集成。

瓦式架构恰如其名,天线阵元、TRM 和波束成形器集成在类似瓦片的二维平面中,如图 5.5 所示。AESA 的射频信号由平行于阵面的波束成形器分配。基于瓦式架构的 AESA 通常质量更小,结构非常紧凑,适合对尺寸和质量要求严苛的应用场景。它们的生产成本也不高,而且适合自动化制造工艺[2]。瓦式架构对于子阵应用也非常有利。将子阵模块按瓦式单元尺寸构建,可以实现可制造性高的设计,从而降低成本。瓦式子阵模块支持扩展性应用,可满足不同的 ERP 和灵敏度要求。通过简单地扩展瓦式子阵的数量,可以基于相同的产品基线满足多个应用。此外,一个同时支持发射和接收的子阵,也可用于仅接收,只需移除发射电路。这可以大幅降低 AESA 的非经常性成本。瓦式子阵设计可以满足不同能力要求,只需少量修改。

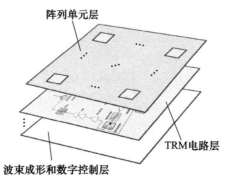

图 5.5 在 AESA 瓦式架构中,波束成形器是多层堆叠集成电路的重要组成部分,该叠层还包括数字控制、平面 TRM 电路和平面阵元

除了采用基于射频电路的波束成形器分配和合成射频能量,还可以采用空间馈电的方法。该方法的优点是损耗小,因为馈电传输介质是自由空间,如图 5.6 所示。然而,空间馈电需要大幅增加体积,不太适合应用于紧凑和/或低剖面的 AESA[2]。本章将主要关注使用射频电路分配射频能量的约束型波束成形器。

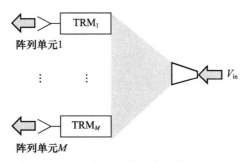

图 5.6 空间馈电波束成形器使用自由空间进行信号分配,而不需要波束成形射频电路

5.1.2 协作和非协作波束成形

一维 AESA 中的 TRM 为每个收发阵元提供相移 ϕ_m,具体形式如下:

$$\phi_m = -\frac{2\pi}{\lambda_0} x_m \sin\theta_0 \tag{5.1}$$

式(5.1)中应用的相移有一个基本的假设,即 AESA 中的信道路径具有相等的电长度。这在阵列上产生一个渐进的相移,使 AESA 能够将波束扫描到指定角度。如图 5.7 所示。波束成形器对应每个阵元的电长度相等,则称为协作波束形成器。这种波束形成器由多个功率分配器组成。当总阵元个数为 M,当 AESA 的阵元总数满足 $M=2^N$ 时,则每个阵元通道对应的功率分配器总数为

$$功率分配器总数 = \log_2(M) = \frac{\lg M}{\lg 2} \tag{5.2}$$

功率分配器的级数决定了波束成形器的损耗。例如,一个阵列规模为 1024 (32×32) 的 AESA,其每个阵元通道对应的波束成形器功率分配器级数为 10。一个功率分配器的损耗为十分之几分贝,这意味着整个 AESA 将产生 10 倍的信号增益损失,会影响发射 ERP 和接收 G/T。除了由于功率分配器串联造成的损耗外,波束成形器还存在 AESA 尺度的线损。对于 M 个阵元组成的 AESA,考虑矩形栅格的对角线,对角线长度约为 $(M-1)\,d/\sqrt{2}$。将基板材料中单位距离的损耗乘以这个长度,可以估计出波束成形器分配网络的线长造成的损耗。综上所述,功率分配器和线长造成的损耗是波束成形器总损耗的主要来源。

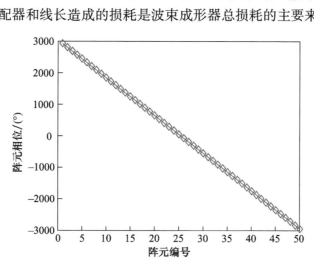

图 5.7 50 阵元组成的一维 ASEA 的阵元相位分布,对每个阵元施加渐进相移实现电扫

除了协作波束成形器,另一种方法是非协作波束成形器,这种类型的设计在波束成形器中对应每个阵元的电长度不相等,如图 5.8 所示。非协作波束成形器将波束成形器中的损耗降到最低,并允许更紧凑的设计。然而,如前所述,式(5.1)中用于 TRM 的相移假设波束成形器的线长相等。考虑到这一点,必须修改式(5.1)中 ϕ_m 的表达式,即

$$\phi_m = -\frac{2\pi}{\lambda_0} x_m \theta_0 + \psi_m \tag{5.3}$$

式中：ψ_m 为用于补偿非协作波束成形器的调整相位。

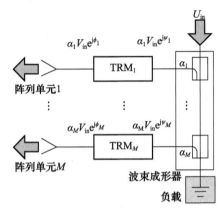

图 5.8　串馈波束成形器的电长度不相等，必须通过 TRM 中的相移进行补偿（式（5.3））

5.2　无损波束成形器

发射时波束成形器的主要功能是将激励源的功率均匀地分配到各阵元上，如图 5.2 所示。接收时波束成形器的主要功能是将来自每个阵元的电压进行合成，如图 5.3 所示。为了理解波束成形器是如何影响系统的，可以先从无损波束成形器开始。无损是指不考虑波束成形器衬底材料造成的欧姆损耗。实际中的波束成形器会存在 5.1.2 节所述的欧姆损耗，但在计算信号和噪声增益损耗时，可以用此损耗值来表征整个波束成形器的损耗。这将在第 6 章中进行深入阐述。

对于本章下列公式，采用电压是因为相干加法使用的是幅值和相位，而不是功率。波束成形器中分配或合成的电压由幅值和相位组成。在发射时，电压通常为载波频率上的调制波形；而在接收时，电压具有类似的形式，但可以通过 TRM 的相移，使各路电压相干合成。相干性意味着电压之间存在确定的相位关系。为了理解波束成形器中信号和噪声之间的关系，噪声也必须考虑进来。然而，噪声电压的相位关系是随机的，无相干性。这将导致信噪比方程中的因子 N_{elem} 的出现，该因子表示相干叠加后的信号相对噪声的改善。这是适用于所有 AESA 的基本原理。

5.2.1　发射

考虑图 5.9 所示的波束成形器，该波束成形器假定为协作形式。其中，U_0 为 M 阵元波束成形器的输入电压；V_m 为波束成形器的输出电压（$m = 1, 2, \cdots,$

M);α_m 为波束成形器对应每个阵元通道的权值。在发射时,波束成形器是一个 $M+1$ 个端口的功率分配器,具有 1 个输入口和 M 个输出口。根据能量守恒定律,无损波束成形器的输入功率等于所有输出端口的功率之和[3]。图 5.9 中波束成形器的输入功率为

$$P_{in} = |V_0|^2 \tag{5.4}$$

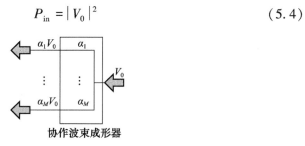

图 5.9　协作波束成形器分配输入电压 V_0 到 AESA 中的每个阵元

图 5.9 中对应的输出功率为

$$P_{out} = \sum_{m=1}^{M} |\alpha_m V_0|^2 = |\alpha_m V_0|^2 \sum_{m=1}^{M} 1 = \alpha_m^2 |V_0|^2 M = \alpha_m^2 P_{in} M \tag{5.5}$$

根据能量守恒定律,对于无损波束成形器,$P_{in} = P_{out}$,则由式(5.5)可得 $\alpha_m^2 M = 1$,所以 $\alpha_m = 1/\sqrt{M}$。输出阵元电压可以表示为

$$V_m = \frac{1}{\sqrt{M}} V_0 \tag{5.6}$$

5.2.2　接收

对于接收,可以推导出一个类似的公式来表示波束成形器 M 个输入的合路输出。接收波束成形器如图 5.10 所示,为一个 $M:1$ 的合路器。各输入端口的电压为 V_m,输出电压为 V_{out},可表示为

$$V_{out} = \sum_{m=1}^{M} a_m V_m \tag{5.7}$$

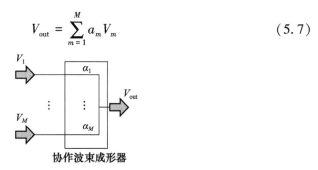

图 5.10　一个 $M:1$ 协作接收波束成形器。
来自所有 M 个阵元的电压信号在波束成形器中相干叠加

对于无损波束成形器,能量守恒定律要求波束成形器的总输入功率等于输出功率。输入功率可以表示为

$$P_{in} = \sum_{m=1}^{M} |V_m|^2 \quad (5.8)$$

输出功率可以表示为

$$P_{out} = \left| \sum_{m=1}^{M} \alpha_m V_m \right|^2 \quad (5.9)$$

假设对于 $m = 1, 2, \cdots, M$,$|V_m|$ 为常数,且 $|V_m| = |V_{in}|$。由于 TRM 对每个阵元都移相(相位不改变电压大小),这是一个有效的假设。

稍后讨论分布式加权时(用于低副瓣加权的幅值锥削在 TRM 衰减器和波束成形器之间进行分配),将再次讨论这个问题。基于该假设,可将式(5.8)简化为

$$P_{in} = M |V_{in}|^2 \quad (5.10)$$

对于输出功率,假设 TRM 的输入电压相控适当,使电压之和为 M 倍。这与第 1 章中描述的情况完全一致,在要求扫描角度下的 AF 等于 AESA 阵元总数。此外,均匀分布假设 $\alpha_m = \alpha_0 (m = 1, 2, \cdots, M)$,则式(5.9)简化为

$$P_{out} = \alpha_0^2 M^2 |V_m|^2 \quad (5.11)$$

由于能量守恒,$P_{out} = P_{in}$,则结果与发射波束成形器类似,可得 $\alpha_m = \alpha_0 = \dfrac{1}{\sqrt{M}}$,$P_{out} = M|V_m|^2$。与式(5.8)对比,可知波束成形器为 AESA 带来了增益 M。

一个重要的概念可以使用 P_{out} 的方程来描述。因为噪声不能相干叠加,波束成形器输出的噪声等于输入噪声 $N_{out} = kTBF$,此处 F 表示波束成形器的损耗。因此,波束成形器的输出 SNR 可以写成

$$\mathrm{SNR}_{output} = \frac{M |V_m|^2}{kTBF} \quad (5.12)$$

$$= \frac{M |V_m|^2}{kTB} \quad (\text{对于无损波束成形器},F = 1)$$

由式(5.12)可知,波束成形器的输出 SNR 随波束成形器的输入数量增加而提高,因波束成形器中的损耗而降低。考虑到子阵架构的 AESA 也会采用波束成形器,此处采用术语"输入"而不是"阵元"。

另一个影响 AESA 性能的概念也可以通过式(5.12)进行说明。当 AESA 存在失效阵元时,需要对式(5.11)中的 P_{out} 进行修正,可得

$$\begin{aligned} P_{out} &= \alpha_0^2 [M(1-\varepsilon)]^2 |V_m|^2 \\ &= \frac{1}{M}[M(1-\varepsilon)]^2 |V_m|^2 \\ &= M(1-\varepsilon)^2 |V_m|^2 \end{aligned} \quad (5.13)$$

式中：ε 为失效阵元的比例。

存在失效阵元的情况下，波束成形器的输出 SNR 可以表示为

$$\text{SNR}_{\text{output}} = \frac{M(1-\varepsilon)^2 |V_m|^2}{kTBF} \tag{5.14}$$

式(5.14)表明，SNR 的恶化与失效阵元比例的平方相关。例如，如果 AESA 一半的阵元失效，即 $\varepsilon = 0.5$，则信噪比下降 6dB。这与附录 E 中的接收恶化情况相符。

5.3 波束成形器的权重

副瓣的存在为有意或无意干扰信号进入 AESA 提供了机会。电子对抗(ECM)可以在 AESA 工作频率范围内使用窄带或宽带噪声或能量等干扰信号，从 AESA 的副瓣进行干扰。通过将噪声功率电平增加到强于可检测信号电平，能够在接收机上产生虚假目标或使接收机致盲。雷达杂波也可以通过副瓣进入 AESA，类似于干扰信号，产生虚假目标和/或使接收机致盲。为了抵消这种影响，可以对阵元进行幅值加权来降低副瓣电平。

通常情况下，幅值加权主要用于接收。这是因为对发射进行幅度加权会造成功率损失，进而会影响发射的 ERP。当 AESA 发射功率降低时，为 TRM 供电所需的功耗就会增大。而对于大多数 AESA 系统设计，需要尽量降低主电源功率，以降低系统热耗和成本影响。因此，AESA 的发射通常采用均匀幅度加权。

幅度加权的概念已在第 2 章中进行了讨论。图 5.11 给出了不同幅度加权与均匀加权的对比曲线。其他的加权方式参见文献[4]，但泰勒加权是最有效的孔

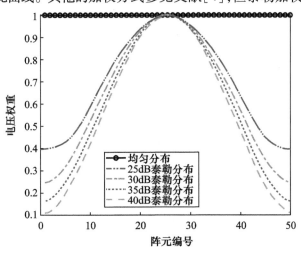

图 5.11 不同幅度加权与均匀加权的对比

径分布,这意味着造成的信号增益损失最小。图5.12用于说明AESA在使用幅度加权时必须权衡考虑。图5.12(a)为均匀分布对应的方向图,图5.12(b)为30dB泰勒加权的方向图。对比(a)、(b)两图,有两点重要发现:第一,使用加权后的主瓣宽度会展宽,进而造成信号增益损失和SNR降低;第二,当AESA进行扫描时,30dB的副瓣抑制并不能保持,这是主瓣的扫描增益损失造成的。这意味着,如果整个扫描范围内都要求保持副瓣抑制达到某电平值,那么必须采用更大的加权,以满足大扫描角时的副瓣抑制。例如,如果要求扫描范围内的副瓣抑制达到30dB,那么必须采用大于30dB的加权才能实现。对于保持AESA的性能,这种增益损失和低副瓣电平之间的权衡是非常重要的。有必要再次强调一点:采用泰勒分布可使增益损失尽可能低。

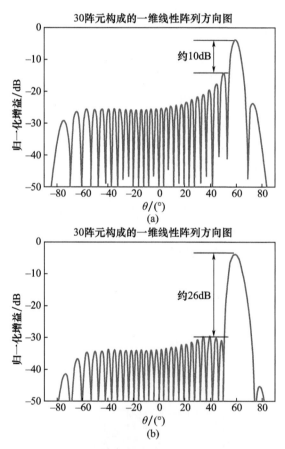

图5.12 幅度加权的主要优势是降低副瓣电平。图(b)采用30dB泰勒分布加权,当AESA扫描,图(b)加权后的方向图与图(a)均匀分布相比,波束展宽

在第2章中,将幅度加权造成的损失称为锥削损耗。基于先前描述的无损波束成形器的公式,可以推导出锥削损耗的表达式。结合式(5.8)和式(5.9),

信号增益损失可以写为

$$\frac{P_\text{out}}{P_\text{in}} = \frac{\left|\sum_{m=1}^{M}\alpha_m V_m\right|^2}{\sum_{m=1}^{M}|\alpha_m V_m|^2} \tag{5.15}$$

式中,P_in 已被修正,包含了波束成形器中对应每个阵元的内电压($\alpha_m V_m$)。前面给出的输入电压的表达式为

$$V_m = \text{e}^{\text{j}\left(\frac{2\pi f}{c}\sin\theta - \frac{2\pi f_0}{c}\sin\theta_0\right)} \tag{5.16}$$

在调谐频率和要求扫描角度条件下,电压 V_m 简化为 1,即

$$\begin{cases} V_m\big|_{\theta=\theta_0,f=f_0} = \text{e}^{\frac{2\pi f_0}{c}\sin\theta_0 - \frac{2\pi f_0}{c}\sin\theta_0} \\ V_m\big|_{\theta=\theta_0,f=f_0} = 1 \end{cases} \tag{5.17}$$

将式(5.17)代入式(5.15),可得

$$\frac{P_\text{out}}{P_\text{in}} = \frac{\left|\sum_{m=1}^{M}\alpha_m\right|^2}{\sum_{m=1}^{M}|\alpha_m|^2} \tag{5.18}$$

式(5.18)的最大值为 M。将式(5.18)除以 M,得到锥削损耗式(2.54),也称锥削效率[1]:

$$\text{TL} = \frac{1}{M}\frac{P_\text{out}}{P_\text{in}} = \frac{1}{M}\frac{\left|\sum_{m=1}^{M}\alpha_m\right|^2}{\sum_{m=1}^{M}|\alpha_m|^2} \tag{5.19}$$

5.4 分布式加权

AESA 的幅度加权有多种实现方法。加权可以利用 TRM 中的衰减器完成(称为主动加权[5]),也可以使用 3dB 电桥组成的波束成形器实现(称为无源加权[4]),或采用上述方法的组合。最后一种加权方法也称分布式加权,即通过 TRM 和波束成形器联合进行加权。

如文献[5]所述,仅通过 TRM 加权会导致 NF 增加,G/T 降低,产生更低的二阶截取点和三阶截取点(降低线性度)。而采用波束成形器加权可提供最佳的灵敏度和线性度。在实际应用中,如需要多级波束成形(子阵架构)或需要多种加权锥削时,则分布式波束成形可以发挥优势,如图 5.13 所示。例如,AESA 可以在波束成形器中实现 25dB 振幅加权,然后使用 TRM 进行额外加权以进一

步降低副瓣。在本示例中,采用分布式加权方法可以避免使用多个波束成形器,增加了设计灵活度。

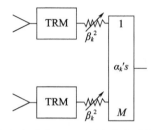

图 5.13　分布式波束成形在 TRM 和波束成形器中都采用幅度加权

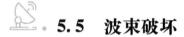 5.5　波束破坏

目前,只讨论了幅度加权。事实上,也可以采用相位加权,但它的主要用途不是控制副瓣电平。相位加权使波束破坏成为可能,这是一种通过使用相位而不是幅度加权来增加 AESA 波束宽度的方法。该方法用于雷达和 SIGINT 等领域,能够提高视场内的空间扫描率,为系统带来巨大优势。

图 5.14 给出了 AESA 系统 1 个发射破坏波束和 4 个同时接收波束,均按各自的峰值归一化。发射波束的展宽因子为 2,意味着其 3dB 波束宽度被展宽为未破坏波束宽度的 2 倍。图 5.14 所示的破坏波束也适用于接收。

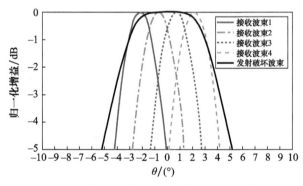

图 5.14　发射破坏波束和 4 个同时接收波束,均按各自的峰值归一化

多种不同优化方法可以用于纯相位方向图合成,相关示例参考文献[6-8]。对于波束破坏技术,也许最直接的方法是采用二次相位实现。该方法由一个带比例因子的二次表达式产生权值相位。本节将描述如何计算相位,并提供不同破坏因子的示例。本方法也可以参阅文献[9]。

考虑 M 阵元组成的一维线性 AESA,每个阵元分配相位指数值如下所示:

$$\phi_m = \left(m - \frac{M+1}{2}\right)\frac{2\psi\sqrt{\pi}}{M-1} \quad (m=1,2,\cdots,M) \tag{5.20}$$

同样的方法也可以应用于二维 AESA,而不失通用性。

式(5.20)中的变量 ψ 控制着阵列波束的破坏因子。结合式(5.20)中 ϕ_m 的表达式,波束破坏权值的相位为

$$\Phi_m = \phi_m^2 \tag{5.21}$$

则波束破坏权值为

$$\beta_{m_{\text{phase only}}} = e^{j\Phi_m} = e^{j\phi_m^2} = e^{j\left[\left(m-\frac{(M+1)}{2}\right)\left(\frac{2\psi\sqrt{\pi}}{M-1}\right)\right]^2} \tag{5.22}$$

将 $\beta_{m_{\text{phase only}}}$ 用于修正一维 AESA 方向图的表达式,如下式所示:

$$\text{AF} = \sum_{m=1}^{M} \beta_{m_{\text{phase only}}} e^{j\left(\frac{2\pi}{\lambda}x_m\sin\theta - \frac{2\pi}{\lambda_0}x_m\sin\theta_0\right)} \tag{5.23}$$

图 5.15 给出了一个 30dB 泰勒加权未破坏波束和一个 30dB 泰勒加权破坏系数为 2 波束的方向图。为了便于说明,两者都按各自的峰值进行了归一化。该一维阵列由 40 阵元组成($M=40$)。

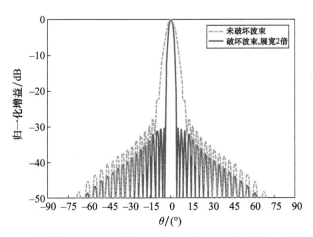

图 5.15　30dB 泰勒加权未破坏波束与破坏波束方向图(其中,破坏波束由二次相位加权生成,3dB 波束宽度展宽 2 倍,两种方向图都按各自峰值进行了归一化)

破坏波束宽度的增加确实给减少干扰带来了挑战,这为干扰信号通过展宽波束宽度进入 AESA 提供了机会。这可以通过选择适当的辅助天线实现副瓣消隐,副瓣消隐需要覆盖展宽主瓣区域。图 5.16 显示了图 5.15 中未破坏波束和破坏波束的 3dB 主瓣区域的放大视图。使用纯相位加权赋予了波束宽度更大的灵活性。图 5.17 和图 5.18 给出了扫描到 60°的未破坏和破坏方向图,表明加权对于扫描状态的效果相同。

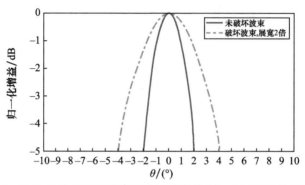

图 5.16　图 5.15 中未破坏波束和破坏波束的 3dB 主瓣区域的放大视图

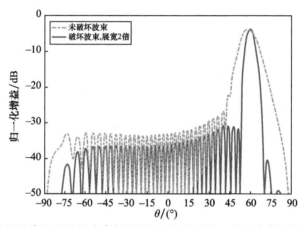

图 5.17　破坏波束和未破坏波束扫描到 60°的对比图。由于波束扫描(见第 2 章)和二次相位加权,波束宽度展宽,两种方向图都按各自峰值进行了归一化

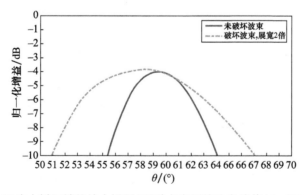

图 5.18　图 5.17 中主瓣区域的放大视图(两种方向图按法向峰值($\theta=0°$)进行了归一化)

图 5.19 给出了 40 阵元 AESA 进行 2 倍、3 倍、4 倍波束展宽的方向图。前面的图将各方向图按各自峰进行了归一化,并没有显示出由于波束破坏而引起的增益损失。实际上,随着波束宽度的增加,阵列增益将会降低,从而导致 ERP

和 G/T 减小。这些损失在系统设计层面必须给予考虑,并计入链路预算。
图 5.20 显示了图 5.19 主瓣区域的放大视图。此外,图 5.20 还显示了图 5.19 中使用了二次相位加权生成的方向图。按 2 倍、3 倍、4 倍进行波束展宽的代价是波束增益损失分别为 3dB、约 5dB、约 6dB。图 5.20 所示的增益损失直观上是有

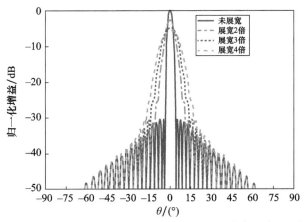

图 5.19 使用二次相位加权进行 2 倍、3 倍、4 倍波束展宽(见彩插)

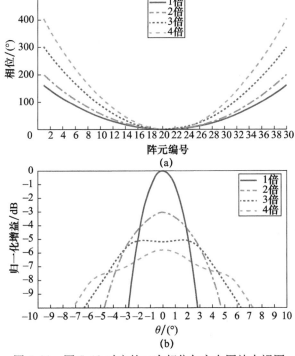

图 5.20 图 5.19 对应的二次相位与方向图放大视图
(a)二次相位放大视图;(b)方向图放大视图。

意义的。一个没有采用波束破坏加权的阵列,如其尺寸减半,则其增益将减少3dB。类似地,这也适用于在没有波束破坏的情况下阵列尺寸按 1/3 和 1/4 缩小,造成的增益损失分别约为 5dB 和 6dB。这是符合物理规律的。

5.6 单脉冲角度估计

单脉冲系统提供角度误差,并测量在单脉冲内相对阵列的到达角(AoA)[10]。AESA 与单脉冲体制结合用于雷达,可以进行多目标搜索和探测[11],也可以用于对辐射源信号进行地理定位并提供 AoA。单脉冲系统对高精度跟踪雷达至关重要。

5.6.1 三通道单脉冲 AESA

AESA 阵面可以分为 4 个象限,形成 1 个所有阵元相干合成的和波束和 2 个在扫描角度具有一维零陷的差波束。图 5.21 给出了和波束和差波束的方向图切面。方位向差波束由 AESA 左、右两半阵列在 180°相差馈相时合成得到,俯仰向差波束由 AESA 上、下两半阵列在 180°相差馈相时合成得到。

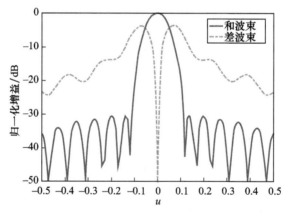

图 5.21 和波束与差波束的方向图切面。方位向差波束的零陷位置与和波束峰值对应

形成单脉冲和波束和差波束的一种方法是使用 3 个波束成形器实现,但不是必需的。另一种方法是使用相同的波束成形器来生成和波束与差波束。单脉冲波束可以使用 180°混合电桥单一波束成形器实现,该电桥连接 AESA 的 4 个象限形成单脉冲波束,如图 5.22 所示。180°混合电桥在两个输出端口之间提供 180°相移[3],从而形成和波束、方位差和俯仰差波束,并输出给接收机处理。图 5.22 所示的第四个端口通常接阻性负载,但也可以作为辅助波束与主波束比较,用于抑制有意或无意干扰[11]。如果采用双差波束,则需要增加一个接收通道。图 5.23 和图 5.24 分别给出了和波束差波束的二维方向。辅助波束与和波

束的关系详见附录 F。

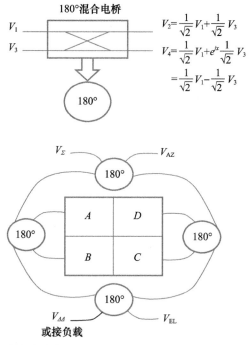

图 5.22 单脉冲波束可以使用 180°混合电桥单一波束成形器实现，电桥第四个端口可以接负载或用于形成双差波束（图 5.23）实现副瓣消隐

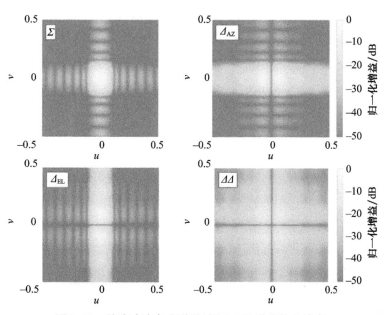

图 5.23 单脉冲波束成形器（图 5.22）形成的和波束、方位差波束、俯仰差波束和双差波束的方向图（见彩插）

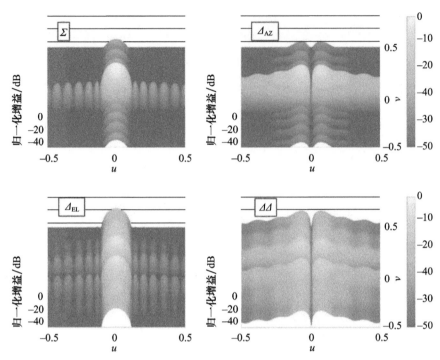

图 5.24　图 5.23 所示的三通道单脉冲波束方向图的等轴视图(见彩插)

差和波束的比值 S 用于计算入射能量的 AoA 这个比值 S 曲线如图 5.25 所示,因为具有 S 形状,所以称为 S 曲线。假设图 5.22 中的 AESA 在 x 方向上长度为 L_x,在 y 方向上长度为 L_y,则四个象限的输出电压可以表示为

$$V_i = \text{AF} \cdot e^{jX_i\frac{2\pi}{\lambda}(u-u_0)} \cdot e^{jY_i\frac{2\pi}{\lambda}(v-v_0)} \quad (i=A,B,C,D) \quad (5.24)$$

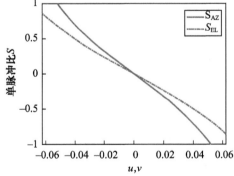

图 5.25　S 曲线用于确定入射到 AESA 的接收信号的 AoA

假设 AESA 的中心坐标是 $(0,0)$,X_i 和 Y_i 为图 5.22 中象限的相位中心,则得

$$\begin{cases} (X_A, Y_A) = \left(\dfrac{-L_x}{4}, \dfrac{L_y}{4}\right) \\ (X_B, Y_B) = \left(\dfrac{-L_x}{4}, \dfrac{L_y}{4}\right) \\ (X_C, Y_C) = \left(\dfrac{L_x}{4}, \dfrac{-L_y}{4}\right) \\ (X_D, Y_D) = \left(\dfrac{L_x}{4}, \dfrac{+L_y}{4}\right) \end{cases} \quad (5.25)$$

然后，可以得出电压和 Σ、方位向电压差 Δ_{AZ} 和俯仰向电压差 Δ_{EL} 分别为

$$\begin{cases} \Sigma = V_A + V_B + V_C + V_D \\ \quad = 4AF\cos\left(\dfrac{L_x}{4}k\Delta u\right)\cos\left(\dfrac{L_y}{4}k\Delta v\right) \\ \Delta_{AZ} = (V_A + V_B) - (V_C + V_D) \\ \quad = -4\mathrm{j}AF\sin\left(\dfrac{L_x}{4}k\Delta u\right)\cos\left(\dfrac{L_y}{4}k\Delta v\right) \\ \Delta_{EL} = (V_A + V_D) - (V_B + V_C) \\ \quad = 4\mathrm{j}AF\cos\left(\dfrac{L_x}{4}k\Delta u\right)\sin\left(\dfrac{L_y}{4}k\Delta v\right) \end{cases} \quad (5.26)$$

其中，$\Delta u = u - u_0$，$\Delta v = v - v_0$。同时，假设每个象限的 AF 相同，这对于一般性能是足够的。然而，如果要考虑阵元幅度与相位误差对性能精确建模，每个象限就需要采用不同的 AF。结合式（5.26），比值 S 表达式可写为

$$\begin{cases} S_{\Delta_{AZ}} = \dfrac{\Delta_{AZ}}{\Sigma} = -\mathrm{j}\tan\left(\dfrac{L_x}{4}k\Delta u\right) \\ S_{\Delta_{EL}} = \dfrac{\Delta_{EL}}{\Sigma} = \mathrm{j}\tan\left(\dfrac{L_y}{4}k\Delta v\right) \end{cases} \quad (5.27)$$

通过取实测比值 S 的虚部，可以计算出 AoA。

5.6.1.1 单脉冲电桥误差的校准

图 5.22 所示的 180°混合电桥是幅度和相位误差的一个来源，会降低 AESA 单脉冲 AoA 性能。混合电桥的误差会导致单脉冲 S 曲线的平移和旋转。这些误差可以通过测量/描述幅度和相位偏差，并存储在一个表中来校准。这些值可以对测量的比值 S 进行校正。

下面结合生成和波束和方位差波束的电桥来具体说明电桥误差的影响。对于俯仰差波束也可以得出类似的公式。利用式（5.27），可将电桥末级后测到的比值 S 表示为

$$\widetilde{S}_{\Delta_{AZ}} = \frac{\widetilde{\Delta}_{AZ}}{\widetilde{\Sigma}} = \frac{\gamma \Delta_{AZ}}{\varepsilon \Sigma} \qquad (5.28)$$

式中：γ、ε 分别为和波束与方位差波束相关的复误差。

将式(5.28)重新整理，得到

$$\begin{aligned}
\widetilde{S}_{\Delta_{AZ}} &= \frac{\gamma \Delta_{AZ}}{\varepsilon \Sigma} \\
&= \frac{|\gamma| e^{j\phi_\gamma}}{|\varepsilon| e^{j\phi_\varepsilon}} \cdot \frac{\Delta_{AZ}}{\Sigma} \\
&= \frac{|\gamma|}{|\varepsilon|} e^{j(\phi_\gamma - \phi_\varepsilon)} \cdot \frac{\Delta_{AZ}}{\Sigma} \\
&= \delta_{amp} \cdot e^{j\delta_{phase}} \cdot \frac{\Delta_{AZ}}{\Sigma}
\end{aligned} \qquad (5.29)$$

式(5.29)中的幅度和相位误差能够影响 AoA 误差，必须校准。通常在 AESA 中，和波束被优化调整到 AESA 最大天线增益。这意味着与和波束共享电桥的差波束也将被优化和校准。而另一个差波束不会联动优化，可能会出现精度恶化。

5.6.2 双通道单脉冲 AESA

前面讨论的单脉冲方法假定使用 3 个接收机通道分别用于 Σ、Δ_{AZ} 和 Δ_{EL} 波束输出。该假设对于大多数现代 AESA 是成立的。然而，也可能仅采用双通道的 AESA 实现单脉冲。三通道方法采用比幅原理测量 AoA。而双通道方法，也称径向单脉冲，要求同时采用比幅和比相才能测量出 AoA。图 5.26 给出了主瓣区域内三通道和双通道两种方法的二维方向图。径向单脉冲使用的差波束方向图为甜甜圈形状的圆环，中心存在一个零陷。类似于三通道单脉冲，通过 Δ/Σ（差波束与和波束之比）可以确定 AoA。

图 5.27 说明了和波束和差波束是如何形成的，采用了 90°混合电桥和 180°混合电桥。90°混合电桥输出两个差波束：顺时针（CW）差波束和逆时针（CCW）差波束。这意味着差波束的相位在 CW 方向或 CCW 方向都是单调增加的。图 5.28 给出了 Σ 波束和 Δ_{CCW} 波束的幅度和相位，Δ_{CCW} 波束相位以径向为轴按逆时针规律分布。CW 波束（未显示）具有相同特点，但相位在顺时针方向上增加。比值 S 可以表示为

$$S_{R_{CCW}} = \frac{\Delta_{R_{CCW}}}{\Sigma} = |S_{R_{CCW}}| e^{j\Phi_{CCW}} \qquad (5.30)$$

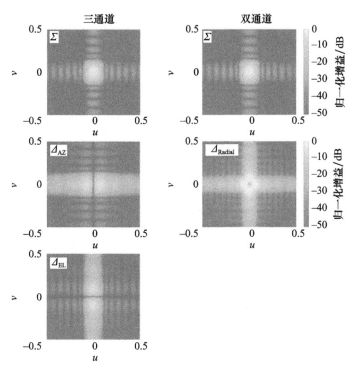

图 5.26　三通道和双通道采用比幅原理测量 AoA。而双通道方法,也称为径向单脉冲,要求同时采用比幅和比相才能测量出 AoA(见彩插)

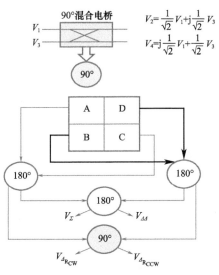

图 5.27　使用 90°混合电桥可以通过一个波束成形器产生 1 个和波束和 2 个差波束。这两个差波束是冗余的,其径向零陷波束的时钟角不同。与三通道单脉冲波束成形器类似,其第四个端口可以作为其他波束或接负载

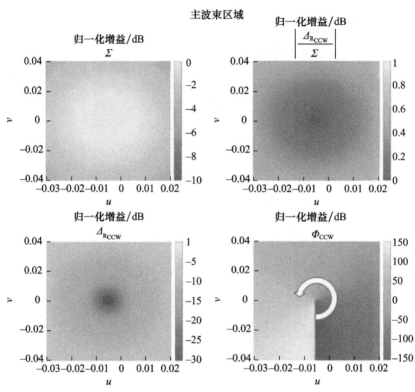

图 5.28 和波束和 CCW 径向差波束及两者的幅度和相位比值，AoA 可由幅度和相位唯一确定（见彩插）

在式(5.30)中，幅度可确定 AoA 所在主瓣周围的等值线，而相位决定了 AoA 在等值线上的位置。双通道方法减少了所需的接收机通道数量，但不如前面描述的三通道方法准确。

根据式(5.27)中的比值 S 可以绘制出如图 5.25 所示的 S 曲线，S 曲线越陡峭，AoA 的测量就越准确。使用前面所述的标准差波束并不能提供最佳的 AoA。为了改善这种情况，Bayliss 提出了一种低副瓣差波束方法[12]。Bayliss 分布具有较低的副瓣，有助于形成一个更尖锐的差波束，进而使 S 曲线更陡峭。带 Bayliss 加权的波束成形器通常是与和波束成形器分开的独立波束成形器，并不是按照前面提到的三通道方法构造的。

参考文献

[1] Mailloux, R. J. *Phased Array Antenna Handbook*. Artech House, Norwood, MA, 1993.

[2] Mailloux, R. "Antenna array architecture." *Proceedings of the IEEE*, pp. 163−172, 1992.

[3] Balanis, C. *Antenna Theory Analysis and Design*. John Wiley & Sons, Publishers, Inc., 1982.

[4] Taylor, T. T. Design of line-source antennas for narrow beamwidth and low side lobes. *Transactions of the IRE Professional Group on Antennas and Propagation*, 3: 16-28, 1955. doi: 10.1109/TPGAP. 1995. 5720407.

[5] Holzman, E. L., and Agrawal, A. K. "A comparison of active phased array, corporate beamforming architectures." *Proceedings of International Symposium on Phased Array Systems and Technology*, pp. 429-434, 1996.

[6] Brown, G., Kerce, J., and Mitchell, M. "Extreme beam broadening using phase only pattern synthesis." *4th IEEE Workshop on Sensor Array and Multichannel*, pp. 36-39, 2006.

[7] Hu, C., Chuang, C., and Hung, C. "Phase-only pattern synthesis for the design of an active linear phased array." *Proceedings 2000 IEEE International Conference on Phased Array Systems and Technology*, pp. 275-278, 2006.

[8] Lin, S.-M., Wang, Y.-Q., and Shen, P.-L. "Phase-only synthesis of the shaped beam patterns for the satellite planar array antenna." *Proceedings of IEEE International Conference on Phased Array Systems and Technology*, pp. 331-334, 2000.

[9] Sayidmarie, K. H., and Sultan, Q. H. "Synthesis of wide beam array patterns using quadratic-phase excitations." *International Journal of Electromagnetics and Applications*, pp. 127-135, 2013.

[10] Hovanessian, S. A. *Radar System Design and Analysis*. Artech House, 1984.

[11] Skolnik, M. I. *Radar Handbook*. McGraw Hill, 1990.

[12] Bayliss, E. T. "Design of monopulse antenna difference patterns with low sidelobes." *Bell System Technical Journal*, pp. 623-640, 1968.

第6章
AESA 级联性能

6.1 引言

AESA 主要由三部分构成:天线阵列、收发组件和波束成形器。这三部分集成后可使 AESA 系统正常工作,同时也增加了 AESA 设计的复杂度。即使非常复杂,AESA 仍然可以作为一个整体用等效参数进行表征。如图 6.1 所示,AESA 表示为一个等效器件,其等效方向性增益为 G_{AESA},等效有源增益为 $G_{a_{AESA}}$,等效噪声因子为 F_{AESA},输入、输出信号与噪声功率分别表示为 S_{in}、S_{out}、N_{in} 和 N_{out}。其中,方向性增益只影响信号功率,表征天线的方向性。有源增益同时影响信号和噪声功率,是 AESA 中有源器件增益(放大器)和衰减的函数。等效噪声因子表示 AESA 的附加噪声,它影响系统的输出信噪比(SNR)和动态范围。

图 6.1 可用于表征 AESA 的发射和接收。本章将重点介绍接收情况,相同的方法也可用于分析发射情况。如第 5 章所述,通常发射阵列采用均匀加权,级联发射功率很容易计算。此外,发射的主要系统参数为有效辐射功率(ERP),也可以通过级联传输功率计算得到。如第 1 章和第 4 章所述,对于接收而言,G/T 和线性度是关键性能指标,必须正确计算才能严格表征系统性能。在大多数情况下,接收级联性能的计算比发射复杂得多,因此理解如何正确计算接收级联性能至关重要。对于接收情况,通常采用某种幅度加权,加权可以通过收发组件和波束成形器进行分配,进而影响输出 SNR。

图 6.1 AESA 类似于一个可由等效增益、噪声因子等参数表征的有源器件

第 6 章　AESA 级联性能

本章使用图 6.2 所示的框图来推导 AESA 系统的关键性能参数。如图 6.2 所示，用 S_{in_m} 和 N_{in_m} 表示每个阵元的输入信号和噪声，将其标注在天线阵元右侧，以表示其考虑了阵元及天线罩的损耗。这些损耗先于接收链路的第一级放大器（LNA），会直接叠加到链路噪声系数，最终导致阵列输出 SNR 降低，因此必须考虑在内。

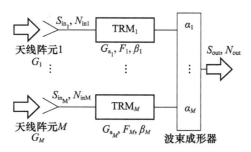

图 6.2　AESA 系统原理框图（可推导出系统性能参数）

图 6.2 中 S_{in_m}、N_{in_m} 的表达式如下：

$$S_{in_m} = \frac{\text{ERP}}{4\pi R^2} A_e L_{\text{array element}} = \frac{\text{ERP}}{4\pi R^2} \frac{\lambda^2 D_e \cos^{\text{EF}}(\theta)}{4\pi} L_{\text{array element}}$$

$$N_{in_m} = kTBL_{\text{array element}} \tag{6.1}$$

式中：ERP 为来自外部发射源的等效辐射功率（$P_{TX_{ext}} G_{ext}$）或来自目标的反射信号功率 $\frac{P_{TX} G_{TX}}{4\pi R^2}\sigma$；$L_{\text{array element}}$ 为天线阵元产生的损耗，并假设每个阵元损耗相同；D_e 为单个阵元的方向性系数；T 为 AESA 端口等效的环境噪声温度。

在某些应用场景中，$T = T_0$，此处更普适地用 T 表示。为了简洁，后续公式直接采用 S_{in_m}、N_{in_m}。

如图 6.2 所示，在阵元之后，信号和噪声会经过接收组件，其电路增益为 G_{a_m}，噪声因子为 F_m，衰减损耗为 β_m。如第 4 章所述，收发组件的接收链路由多种器件组成，包括限幅器、LNA、移相器、开关、传输线损耗，有时还包括附加放大器。简单起见，可以假定收发组件由一个放大器和一个衰减器构成，如图 6.3 所示。这是因为接收链路中的所有器件都可以合并为一个等效增益。需要注意的是，β_m 是信号电压的衰减幅度权值，对应的功率损耗为 β_m^2。

图 6.2 中系统组成框图的最后一级为波束成形器，其权重用 α_m 表示，与第 5 章所述完全相同。信号和噪声功率从波束成形器输出后，传输至系统的下变频器和接收机。

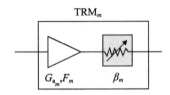

图 6.3 收发组件可用等效电路增益 G_{a_m}、噪声因子 F_m 和衰减损耗 β_m 表征

 6.2 级联计算的基本表达式

本节在推导输出信号和噪声功率公式之前,将回顾一些基本表达式,这些表达式将用于表示 AESA 的级联噪声功率。

6.2.1 噪声模型

计算器件的噪声增益为确定一系列级联器件的噪声增益奠定了基础。这种分析适用于任何射频电路,并为量化系统性能 SNR 奠定了基础。噪声增益的级联公式可用于计算 AESA 的 SNR。

6.2.1.1 有源器件

图 6.4 给出了有源器件附加噪声的等效模型。图 6.4 表明合成输出噪声功率 N_{out} 等于输入噪声乘以器件的增益 G_a 和噪声因子 F_a。噪声因子用于衡量器件自身引入的噪声[1],其最小值为 1,相当于 $N_{out}=N_{in}$,即自身不产生噪声($F_a=1$)。实际应用中的每个有源器件自身都会产生噪声,因此 $F_a>1$。

图 6.4 中的等效模型表明器件自己产生的固有噪声是加性的。器件输出的累加噪声是放大后的输入噪声和放大后的器件固有噪声之和。在计算级联器件的等效噪声因子时,这个关系非常有用。

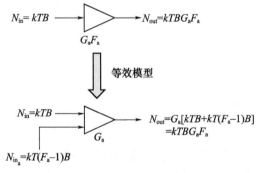

图 6.4 放大器的附加噪声的等效模型(等效公式表明噪声是加性的)

6.2.1.2 阻性器件

如衰减器等阻性器件的噪声因子的计算方式与有源器件不同,如图 6.5 所示。如前所述,衰减器的损耗等于 β^2,其中 β^2 表示阻性功率损耗,最大值为 1。

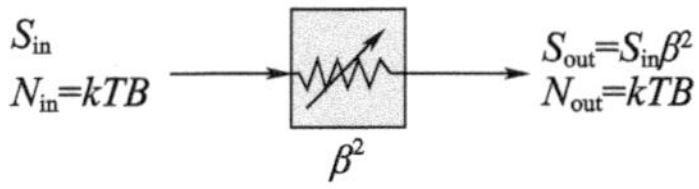

$$S_{\text{in}} \qquad S_{\text{out}}=S_{\text{in}}\beta^2$$
$$N_{\text{in}}=kTB \longrightarrow \boxed{\beta^2} \longrightarrow N_{\text{out}}=kTB$$

图 6.5 阻性器件的等效噪声模型

6.2.1.3 噪声因子定义

噪声因子定义为输入信噪比与输出信噪比的比值[1],如式(6.2)所示:

$$F = \frac{\dfrac{S_{\text{in}}}{N_{\text{in}}}}{\dfrac{S_{\text{out}}}{N_{\text{out}}}} = \frac{S_{\text{in}}}{S_{\text{out}}} \frac{N_{\text{out}}}{N_{\text{in}}} \tag{6.2}$$

由式(6.2)可以推理出以下两点。第一,通过增加 S_{out},噪声因子 F 可最小化。由于 S_{out} 是 AESA 方向性系数的函数,因此可以通过最大化方向性系数来最小化 F。第二,最小化 N_{out} 可使 F 最小化,这意味着可通过最小化器件固有噪声减小噪声因子。

定义完 F 之后,重新审视有源器件和阻性器件的噪声模型,并根据式(6.2)中的定义计算 F。有源器件的噪声因子的计算式为

$$F = \frac{\dfrac{S_{\text{in}}}{N_{\text{in}}}}{\dfrac{S_{\text{out}}}{N_{\text{out}}}} = \frac{\dfrac{S_{\text{in}}}{kTB}}{\dfrac{G_a S_{\text{in}}}{kTBG_a F_a}} = F_a \tag{6.3}$$

由式(6.3)得到有源器件的噪声因子为 F_a。类似地,阻性器件的噪声因子可用式(6.4)计算:

$$F = \frac{\dfrac{S_{\text{in}}}{N_{\text{in}}}}{\dfrac{S_{\text{out}}}{N_{\text{out}}}} = \frac{\dfrac{S_{\text{in}}}{kTB}}{\dfrac{\beta_a^2 S_{\text{in}}}{kTB}} = \frac{1}{\beta_a^2} \tag{6.4}$$

对于阻性器件而言,输出噪底功率是不会抬升的,但是输出信号功率会降低 β_a^2,因此输出 SNR 会降低 β_a^2。这意味着,用分贝表示的阻性器件的噪声系数值为 $10\lg\left(\dfrac{1}{\beta_a^2}\right)$,可简单表示为阻性器件增益的负数,即 $-10\lg(\beta_a^2) = 10\lg\left(\dfrac{1}{\beta_a^2}\right)$。

6.2.2 级联噪声系数

有源器件和阻性器件的噪声模型可用于器件级联的建模。器件级联的信号增益可以直接计算出来,只需将链路中每个器件的增益(正或负)相乘。链路信号增益是所有器件增益的乘积;级联噪声增益可以用类似的方法计算,但后面将通过计算级联噪声因子得出。分析噪声模型可以发现,每级器件自身的附加噪声都会对最后一级器件的输出噪声增益有贡献。据此可以推导出整个级联系统的等效噪声增益公式。

为了说明级联信号和噪声增益的计算,以两个器件级联为例,并推导出 N 个器件级联的完整表达式。图 6.6 给出了两级放大器的级联,放大器的增益分别表示为 G_{a_1}、G_{a_2},噪声因子分别表示为 F_1、F_2。需要说明的是,增益的下标 a 是器件的有源增益,而不是天线的增益或方向性系数。如前所述,对于两个器件的级联,输出信号 S_{out} 是电路信号增益和输入信号 S_{in} 的乘积,如图 6.7 和式(6.5)所示,即

$$S_{out} = G_{a_1} G_{a_2} S_{in} = G_{a_{21}} S_{in}, \quad G_{a_{21}} = G_{a_1} G_{a_2} \tag{6.5}$$

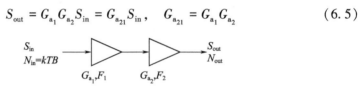

图 6.6 两个放大器的级联示例

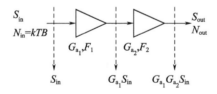

图 6.7 两级器件的级联增益 $G_{a_{21}}$ 可表示为 $G_{a_1} G_{a_2}$

为了计算图 6.6 所示的两级器件的噪声功率增益,可以使用图 6.4 中的等效噪声模型。将此等效模型代入图 6.6,可得到两个器件级联的等效表示,如图 6.8 所示。这种表示提供了一种直接计算 N_{out} 的方法。在第一级放大器的输出端,噪声功率为 $kTF_1 BG_{a_1}$,如图 6.9 所示。第二级放大器的输出是第一级放大器的输出噪声和第二级放大器的附加噪声之和经第二级放大后的输出。

N_{out} 可以表示为

$$N_{out} = kTB(G_{a_1} G_{a_2}) \left(F_1 + \frac{F_2 - 1}{G_{a_1}} \right) = kTBG_{a_{21}} F_{21} \tag{6.6}$$

式中:$G_{a_{21}}$、F_{21} 为两个放大器的级联增益和噪声因子,图 6.10 给出了进一步说明。

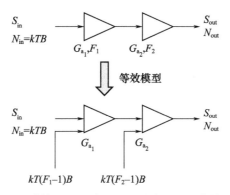

图 6.8　用于计算级联电路增益和噪声因子的等效级联模型

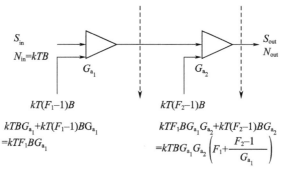

图 6.9　采用级联噪声模型计算的级联输出噪声功率为 $kTBG_{a_1}G_{a_2}\left(F_1+\dfrac{F_2-1}{G_{a_1}}\right)$

由式(6.6)可以看出,如果第一级放大器的增益足够大,$\dfrac{F_2-1}{G_{a_1}}$ 将远小于 F_1,则第二级放大器的附加噪声可忽略。这一点对于 N 个器件级联也成立,因此平衡噪声功率增益对于优化 SNR 非常重要。

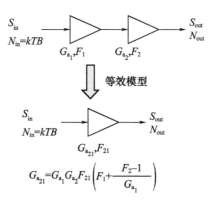

图 6.10　级联器件可表征为具有等效增益和噪声因子的单个器件

图 6.11 给出了 N 个放大器的级联,合成的噪声功率增益表示为

$$N_{\text{out}} = kTBG_{a_1}\cdots G_{a_N}\left(F_1 + \frac{F_2-1}{G_{a_1}} + \cdots + \frac{F_N-1}{G_{a_1}\cdots G_{a_{N-1}}}\right) \tag{6.7}$$

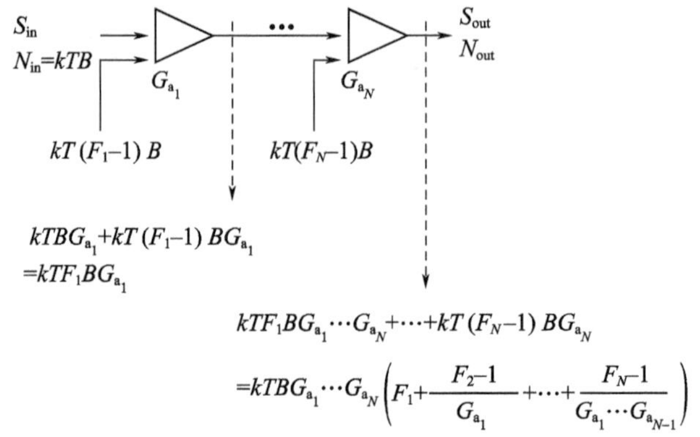

S_{in}
$N_{\text{in}}=kTB$
G_{a_1} $\cdots$ G_{a_N}
S_{out}
N_{out}

$kT(F_1-1)B$ $kT(F_N-1)B$

$kTBG_{a_1}+kT(F_1-1)BG_{a_1}$
$=kTF_1BG_{a_1}$

$kTF_1BG_{a_1}\cdots G_{a_N}+\cdots+kT(F_N-1)BG_{a_N}$
$=kTBG_{a_1}\cdots G_{a_N}\left(F_1+\dfrac{F_2-1}{G_{a_1}}+\cdots+\dfrac{F_N-1}{G_{a_1}\cdots G_{a_{N-1}}}\right)$

图 6.11　在图 6.9 的基础上,使用相同的方法计算 N 级级联器件的等效噪声因子

尽管图 6.11 是以放大器为例进行分析的,但式(6.7)同样适用于阻性器件的级联,这将在计算 AESA 的输出噪声功率时显示出来。根据式(6.7),级联有源增益、噪声因子和噪声温度可以分别表示为

$$\begin{cases} G_{a_{\text{cascade}}} = G_{a_1}\cdots G_{a_N} \\ F_{\text{cascade}} = F_1 + \dfrac{F_2-1}{G_{a_1}} + \cdots + \dfrac{F_N-1}{G_{a_1}\cdots G_{a_{N-1}}} \\ T_{\text{cascade}} = TF_{\text{cascade}} = T\left(F_1 + \dfrac{F_2-1}{G_{a_1}} + \cdots + \dfrac{F_N-1}{G_{a_1}\cdots G_{a_{N-1}}}\right) \end{cases} \tag{6.8}$$

6.3　AESA 的级联性能

推导出级联增益和噪声因子的计算式之后,可以应用这些式来计算 AESA 的级联性能。从图 6.2 出发,为了计算级联参数,通常会采用参数列表来逐级跟踪单个阵元通道中每个器件的增益和噪声因子。结合第 5 章中推导出的无损波束成形器的公式可知,任何功率合成器或波束成形网络的相干合成增益都是采用信号增益而不是噪声增益来计算的。欧姆损耗应同时用于信号和噪声增益的计算。用于计算 AESA 级联信号和噪声参数的单通道模型如图 6.12 所示,尽管收发组件已简化,但这种表征方式是有效的。级联方程考虑了收发组件内部或外部的任意附加器件的增益和噪声因子,对于实际的 AESA 设计,需对公式进行修正以包含这些器件。

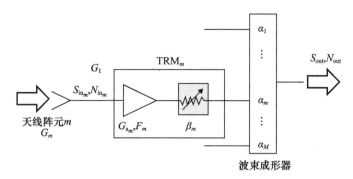

图 6.12 用于计算 AESA 级联信号和噪声参数的单通道模型

6.3.1 AESA 的输出信号功率

如前面两个放大器级联的例子所示,信号增益是 AESA 链路增益的级联。需要指出的是,这里使用的术语是信号增益,而不是电子增益。这是因为信号增益由与阵元天线的定向增益(式(6.1))和有源器件的电子增益共同组成。

对于 AESA 的信号增益和噪声增益,将通过图 6.12 中的框图进行分解计算。从信号增益开始,经过收发组件 TRM_m 中放大器后的信号功率为

$$S_{m_{\text{postamplifier}}} = G_{a_m} S_{\text{in}_m} \tag{6.9}$$

经过收发组件的阻性器件之后,信号功率为

$$S_{m_{\text{postattenuator}}} = \beta_m^2 G_{a_m} S_{\text{in}_m} \tag{6.10}$$

经过波束成形器后,得到的合成输出信号功率为

$$S_{\text{beamformer}} = \left| \sum_{m=1}^{M} \alpha_m \sqrt{\beta_m^2 G_{a_m} S_{\text{in}_m}} \right|^2 \tag{6.11}$$

式(6.11)中的平方根是必需的,因为如第 5 章所述,波束成形器传递函数针对电压而不是功率。那么接下来需要考虑的是,既然来自收发组件的电压具有不同的相位,那么如何将相位考虑在内。此处假设波束成形器中电压的相干叠加将得到最大值或较小值,具体取决于来波信号相对于天线主波束的位置。电压的降低是由阵元的方向性增益产生的,已包含在 S_{in_m} 项中(式(6.1))。此外,AESA 主波束的相位是一个恒定值,因此,式(6.11)不失一般性。通过进一步换算,S_{out} 可以写为

$$S_{\text{out}} = S_{\text{beamformer}} = \left| \sum_{m=1}^{M} \alpha_m \sqrt{\beta_m^2 G_{a_m} S_{\text{in}_m}} \right|^2 = G_{a_m} S_{\text{in}_m} \left| \sum_{m=1}^{M} \alpha_m \beta_m \right|^2 \tag{6.12}$$

6.3.2 AESA 的输出噪声功率

使用之前推导的级联噪声系数方程,AESA 的输出噪声功率可以使用图 6.12 中的框图计算,则组件 TRM_m 的链路合成电子增益和噪声因子分别为

$$\begin{cases} G_{\text{TRM}} = G_{a_m}\beta_m^2 \\ F_{\text{TRM}} = F_m + \dfrac{\dfrac{1}{\beta_m^2} - 1}{G_{a_m}} \end{cases} \tag{6.13}$$

使用式(6.13)计算接收组件的输出噪声功率为

$$\begin{aligned} N_{m_{\text{TRM}}} &= kTBG_{\text{TRM}}F_{\text{TRM}} \\ &= kTBG_{a_m}\beta_m^2 \left(F_m + \dfrac{\dfrac{1}{\beta_m^2} - 1}{G_{a_m}} \right) \end{aligned} \tag{6.14}$$

式中：T 为 AESA 的外部噪声温度。

在实际应用中，外部噪声因环境条件不同而异。附录 G 给出了考虑环境对阵列性能影响的噪声温度计算公式。

使用式(6.14)中输出噪声 $N_{m_{\text{TRM}}}$ 的表达式，可以得到波束成形器的输出噪声功率，即波束成形器的每个输入端口的噪声功率之和，可以表示为

$$N_{\text{beamformer}} = \sum_{m=1}^{M}\alpha_m^2 N_{m_{\text{TRM}}} = \sum_{m=1}^{M}\alpha_m^2 kTBG_{a_m}\beta_m^2 \left(F_m + \dfrac{\dfrac{1}{\beta_m^2} - 1}{G_{a_m}} \right) \tag{6.15}$$

则输出噪声功率可以表示为

$$\begin{aligned} N_{\text{out}} = N_{\text{beamformer}} &= \sum_{m=1}^{M}\alpha_m^2 kTBG_{a_m}\beta_m^2 \left(F_m + \dfrac{\dfrac{1}{\beta_m^2} - 1}{G_{a_m}} \right) \\ &= kTB\sum_{m=1}^{M}\alpha_m^2\beta_m^2 G_{a_m}\left(F_m + \dfrac{\dfrac{1}{\beta_m^2} - 1}{G_{a_m}} \right) \end{aligned} \tag{6.16}$$

在式(6.16)中，假设各通道参数一致，则可将 G_{a_m} 和 F_{TRM} 从求和符号中提出。实际上，这是一个很好的表达式，因为 AESA 的收发组件增益方差可以保持在一个严格的区间内，以确保主波束中没有相干增益损失。此外，收发组件的电子增益 G_{a_m} 要足够大，从而保证衰减器损耗 β_m^2 不是影响组件噪声系数的主要因素。为了进一步说明第二点，不妨假设收发组件的幅度权重 $\beta = 0.6$，则 F_{TRM} 计算式中第二项的分子等于 $\dfrac{1}{\beta_m^2} - 1 = \dfrac{1}{0.6^2} - 1 \approx 1.78$。典型的收发组件电子增益为 20dB 或更高，因此假设此示例为 20dB，则 $G_{a_m} = 10^{\frac{20}{10}} = 100$，$\dfrac{1}{\beta_m^2} - 1$ 与 G_{a_m} 的比例为 $\dfrac{1.78}{100} \approx 0.018$，其对收发组件噪声系数 F_{TRM} 的影响甚微。

6.3.3　AESA 的信号/噪声增益和噪声因子

至此,已推导出阵列信号和噪声输出功率的表达式,可以进一步得到级联系统的信号和噪声增益以及噪声因子。根据式(6.12),AESA 的级联信号增益为

$$G_{\text{signal}_{\text{AESA}}} = G_{a_m} G_d \left| \sum_{m=1}^{M} \alpha_m \beta_m \right|^2 = G_{a_m} D_e \cos^{\text{EF}}(\theta) L_{\text{array}} \left| \sum_{m=1}^{M} \alpha_m \beta_m \right|^2 \quad (6.17)$$

式中:G_d 为天线阵元的定向增益;$D_e = \dfrac{4\pi A_e}{\lambda^2}$;EF 为阵元因子;$L_{\text{array}}$ 为 LNA 前级的阵元损耗(包括天线罩损耗、欧姆损耗和失配损耗)。

使用式(6.16)中的输出噪声功率表达式,AESA 的级联噪声增益可以表示为

$$G_{\text{noise}_{\text{AESA}}} = G_{a_m} \sum_{m=1}^{M} \alpha_m^2 \beta_m^2 \quad (6.18)$$

计算阵列信号增益 $G_{\text{signal}_{\text{AESA}}}$ 与噪声增益 $G_{\text{noise}_{\text{AESA}}}$ 的比值可以得到一个重要的关系:信号增益与噪声增益之间的比值正是天线阵列增益,如下所示:

$$\frac{G_{\text{signal}_{\text{AESA}}}}{G_{\text{noise}_{\text{AESA}}}} = \frac{G_{a_m} D_e \cos^{\text{EF}} L_{\text{array}} \left| \sum_{m=1}^{M} \alpha_m \beta_m \right|^2}{G_{a_m} \sum_{m=1}^{M} \alpha_m^2 \beta_m^2} = \left[D_e \cos^{\text{EF}}(\theta) L_{\text{array}} \right] \frac{\left| \sum_{m=1}^{M} \alpha_m \beta_m \right|^2}{\sum_{m=1}^{M} \alpha_m^2 \beta_m^2}$$

(6.19)

这与直觉一致,因为如前所述,电子增益 G_{a_m} 会同时放大信号和噪声功率。式(6.19)中的比例项代表效率,包含了收发组件和波束成形器的加权系数(β_m, α_m),它表征了幅度加权导致的阵列增益损失。对于 $\alpha_m = \beta_m = 1$ 的均匀加权情况,效率项简化为 M,可以得到

$$\left. \frac{G_{\text{signal}_{\text{AESA}}}}{G_{\text{noise}_{\text{AESA}}}} \right|_{\alpha_m = \beta_m = 1} = \left[D_e \cos^{\text{EF}}(\theta) L_{\text{array}} \right] M = G_{\text{array}_{\text{uniform weighting}}}(\theta) \quad (6.20)$$

式(6.19)中的比值也可用于表示阵列锥削损耗与阵列增益的关系,如下所示:

$$\frac{G_{\text{signal}_{\text{AESA}}}}{G_{\text{noise}_{\text{AESA}}}} = (D_e \cos^{\text{EF}}(\theta) L_{\text{array}}) \frac{\left| \sum_{m=1}^{M} \alpha_m \beta_m \right|^2}{\sum_{m=1}^{M} \alpha_m^2 \beta_m^2} \quad (6.21)$$

$$= (D_e \cos^{\text{EF}}(\theta) L_{\text{array}}) \times M \times \text{TL} = G_{\text{array}}(\theta)$$

其中,锥削损耗 TL 定义为

$$\mathrm{TL} = \frac{1}{M} \frac{\left|\sum_{m=1}^{M} \alpha_m \beta_m\right|^2}{\sum_{m=1}^{M} \alpha_m^2 \beta_m^2} \tag{6.22}$$

使用前文给出的噪声因子的定义，AESA 的级联噪声因子可以写为

$$F_{\mathrm{AESA}} = \frac{\dfrac{S_{\mathrm{in}}}{N_{\mathrm{in}}}}{\dfrac{S_{\mathrm{out}}}{N_{\mathrm{out}}}} = \frac{S_{\mathrm{in}}}{S_{\mathrm{out}}} \frac{N_{\mathrm{out}}}{N_{\mathrm{in}}} = \frac{S_{\mathrm{in}_m}}{G_{\mathrm{a}_m} S_{\mathrm{in}_m} \left|\sum_{m=1}^{M} \alpha_m \beta_m\right|^2} \frac{kTB \sum_{m=1}^{M} \alpha_m^2 \beta_m^2 G_{\mathrm{a}_m} F_{\mathrm{TRM}}}{kTB}$$

$$= \frac{\sum_{m=1}^{M} \alpha_m^2 \beta_m^2 G_{\mathrm{a}_m} F_{\mathrm{TRM}}}{G_{\mathrm{a}_m} \left|\sum_{m=1}^{M} \alpha_m \beta_m\right|^2} = \frac{\sum_{m=1}^{M} \alpha_m^2 \beta_m^2 \left(F_m + \dfrac{\dfrac{1}{\beta_m^2} - 1}{G_{\mathrm{a}_m}}\right)}{\left|\sum_{m=1}^{M} \alpha_m \beta_m\right|^2}$$

$$= \left(F_m - \frac{1}{G_{\mathrm{a}_m}}\right) \frac{\sum_{m=1}^{M} \alpha_m^2 \beta_m^2}{\left|\sum_{m=1}^{M} \alpha_m \beta_m\right|^2} + \frac{\sum_{m=1}^{M} \dfrac{\alpha_m^2}{G_{\mathrm{a}_m}}}{\left|\sum_{m=1}^{M} \alpha_m \beta_m\right|^2}$$

$$= \frac{\sum_{m=1}^{M} \alpha_m^2 \beta_m^2}{\left|\sum_{m=1}^{M} \alpha_m \beta_m\right|^2} \left(F_m - \frac{1}{G_{\mathrm{a}_m}} + \frac{\sum_{m=1}^{M} \alpha_m^2}{G_{\mathrm{a}_m} \sum_{m=1}^{M} \alpha_m^2 \beta_m^2}\right)$$

$$= \frac{\sum_{m=1}^{M} \alpha_m^2 \beta_m^2}{\left|\sum_{m=1}^{M} \alpha_m \beta_m\right|^2} \left(F_m + \frac{\dfrac{\sum_{m=1}^{M} \alpha_m^2}{\sum_{m=1}^{M} \alpha_m^2 \beta_m^2} - 1}{G_{\mathrm{a}_m}}\right)$$

$$= \frac{1}{M \cdot \mathrm{TL}} \left(F_m + \frac{\dfrac{\sum_{m=1}^{M} \alpha_m^2}{\sum_{m=1}^{M} \alpha_m^2 \beta_m^2} - 1}{G_{\mathrm{a}_m}}\right) \tag{6.23}$$

式(6.23)表明，相比采用波束成形器实现阵列加权，通过收发组件的衰减器进行通道加权会恶化系统噪声系数。用波束成形器进行加权时，对于 M 个单元而言，均有 $\beta_m = 1$，则噪声因子 F_{AESA} 可简化为

$$F_{\text{AESA}_{\text{beamformer only}}} = \frac{\sum_{m=1}^{M} \alpha_m^2}{\left| \sum_{m=1}^{M} \alpha_m \right|^2} F_m \quad (6.24)$$

用组件中的衰减器进行加权时(对于 M 个阵元而言,有 $\alpha_m = \dfrac{1}{\sqrt{M}}$),噪声因子 F_{AESA} 可简化为

$$F_{\text{AESA}_{\text{attenuator only}}} = \frac{\sum_{m=1}^{M} \left(\dfrac{1}{\sqrt{M}}\right)^2 \beta_m^2}{\left| \sum_{m=1}^{M} \dfrac{1}{\sqrt{M}} \beta_m \right|^2} \left(F_m + \frac{\dfrac{\sum_{m=1}^{M} \left(\dfrac{1}{\sqrt{M}}\right)^2}{\sum_{m=1}^{M} \left(\dfrac{1}{\sqrt{M}}\right)^2 \beta_m^2} - 1}{G_{a_m}} \right)$$

$$= \frac{\sum_{m=1}^{M} \beta_m^2}{\left| \sum_{m=1}^{M} \beta_m \right|^2} \left(F_m + \frac{\dfrac{M}{\sum_{m=1}^{M} \beta_m^2} - 1}{G_{a_m}} \right) \quad (6.25)$$

比较式(6.24)和式(6.25),可以得到相同的锥削损失表达式。然而,对于衰减器加权,噪声因子的公式会多出一个附加项,从而导致系统噪声因子恶化。

6.3.4 AESA 的 n 阶截取点

第 4 章已经给出 n 阶截取点的计算式为

$$\text{IP}_n = \frac{1}{1-n} P_{o_n} - \frac{n}{1-n} P_{o_1} \quad (6.26)$$

对于 AESA,根据式(6.26)可以得到 n 阶截取点 $\text{IP}_{n_{\text{AESA}}}$,该参数表征 AESA 的线性性能。为了降低宽带系统($f_{\max} \geqslant 2f_{\min}$)的三阶杂散和二阶杂散影响,需要知道系统的 n 阶截取点 $\text{IP}_{n_{\text{AESA}}}$ 以降低杂散电平,保证系统线性度。下面将给出详细分析,证明 AESA 的无杂散动态范围(SFDR)与 $\text{IP}_{n_{\text{AESA}}}$ 有关。

为了计算 $\text{IP}_{n_{\text{AESA}}}$,必须将式(6.26)转换为其标量形式,即

$$\text{ip}_n = \frac{p_{o_n}^{\frac{1}{1-n}}}{p_{o_1}^{\frac{n}{1-n}}} \quad (6.27)$$

式中：p、ip 为电压。

式(6.26)中的 P 代表以 dB 为单位的功率，即 $10\lg p^r = r10\lg p = rP$。

根据式(6.27)，要计算 AESA 的截取点，必须确定线性输出功率和 n 阶输出功率的表达式。使用图 6.12 中的参考框图，线性输出功率可表示为

$$P_{o_{1_{AESA}}} = G_{a_m} S_{in_m} \left| \sum_{m=1}^{M} \alpha_m \beta_m \right|^2 \tag{6.28}$$

为了计算经过放大器的 n 阶输出功率 $P_{o_{n_{AESA}}}$，对式(6.27)重新整理，可得

$$P_{o_n} = p_{o_1}^n \mathrm{ip}_n^{1-n} \tag{6.29}$$

使用式(6.29)，图 6.12 中放大器的 n 阶输出功率表示为

$$P_{o_{n_{TRM}}} = (G_{a_m} S_{in_m} \beta^2)^n \mathrm{ip}_{n_{TRM}}^{1-n} \tag{6.30}$$

则 $P_{o_{n_{AESA}}}$ 可以写为

$$P_{o_{n_{AESA}}} = \left| \sum_{m=1}^{M} \sqrt{(G_{a_m} S_{in_m} \beta^2)^n \mathrm{ip}_{n_{TRM}}^{1-n}} \alpha_m \right|^2 = (G_{a_m} S_{in_m})^n \left| \sum_{m=1}^{M} \sqrt{\mathrm{ip}_{n_{TRM}}^{1-n}} \alpha_m \beta_m^n \right|^2$$

$$\tag{6.31}$$

式(6.31)表明，AESA 的 n 阶输出功率与线性输出功率的 n 次方成正比，类似于式(6.29)通用表达式。

结合 $p_{o_{1_{AESA}}}$ 和 $P_{o_{n_{AESA}}}$ 的表达式，AESA 系统的 n 阶截取点的计算式可进一步表示为

$$\begin{aligned}
\mathrm{ip}_{n_{AESA}} &= \frac{p_{o_{n_{AESA}}}^{\frac{1}{1-n}}}{p_{o_{1_{AESA}}}^{\frac{n}{1-n}}} = \frac{\left[(G_{a_m} S_{in_m})^n \left| \sum_{m=1}^{M} \sqrt{\mathrm{ip}_{n_{amplifier}}^{1-n}} \alpha_m \beta_m^n \right|^2\right]^{\frac{1}{1-n}}}{\left(G_{a_m} S_{in_m} \left| \sum_{m=1}^{M} \alpha_m \beta_m \right|^2\right)^{\frac{n}{1-n}}} \\
&= \frac{\left(\left| \sum_{m=1}^{M} \sqrt{\mathrm{ip}_{n_{amplifier}}^{1-n}} \alpha_m \beta_m^n \right|^2\right)^{\frac{1}{1-n}}}{\left(\left| \sum_{m=1}^{M} \alpha_m \beta_m \right|^2\right)^{\frac{n}{1-n}}} \\
&= \left(\frac{\left| \sum_{m=1}^{M} \sqrt{\mathrm{ip}_{n_{amplifier}}^{1-n}} \alpha_m \beta_m^n \right|^2}{\left| \sum_{m=1}^{M} \alpha_m \beta_m \right|^{2n}}\right)^{\frac{1}{1-n}}
\end{aligned}$$

$$\tag{6.32}$$

如果 AESA 采用均匀加权，即 $\alpha_m = \dfrac{1}{\sqrt{M}}$，$\beta_m = 1$，则 AESA 的截取点应为收发组件的截取点乘以 M。为了验证式(6.32)中电压值 $\mathrm{ip}_{n_{AESA}}$ 是否符合该规律，

令 $\alpha_m = \dfrac{1}{\sqrt{M}}, \beta_m = 1$,计算结果为

$$\mathrm{ip}_{n_{\mathrm{AESA}}} = \left(\dfrac{\left| \sum\limits_{m=1}^{M} \sqrt{\mathrm{ip}_{n_{\mathrm{amplifier}}}^{1-n}} \alpha_m \beta_m^n \right|^2}{\left| \sum\limits_{m=1}^{M} \alpha_m \beta_m \right|^{2n}} \right)^{\frac{1}{1-n}} = \left(\dfrac{\left| \sum\limits_{m=1}^{M} \sqrt{\mathrm{ip}_{n_{\mathrm{amplifier}}}^{1-n}} \dfrac{1}{\sqrt{M}} \right|^2}{\left| \sum\limits_{m=1}^{M} \dfrac{1}{\sqrt{M}} \right|^{2n}} \right)^{\frac{1}{1-n}}$$

$$= \left(\dfrac{\mathrm{ip}_{n_{\mathrm{amplifier}}}^{1-n} M}{M^n} \right)^{\frac{1}{1-n}} = M \times \mathrm{ip}_{n_{\mathrm{amplifier}}}$$

(6.33)

以上相同的结果在文献[2]中给出了推导。

6.3.5 AESA 的无杂散动态范围

对 AESA 系统而言,最后一个重要的参数是无杂散动态范围(SFDR),它表征了 AESA 将输入信号放大到底噪之上的能力。系统的最大信号是当 n 阶输出功率等于噪底功率时的线性输出值,最小信号是高于噪底的最小线性输出值。为了方便推导,假设最小线性输出功率等于输出噪声功率。对一个系统而言,最小线性信号功率必须为高于噪底功率之上的某个阈值,以增加检测概率。此外,n 阶输出功率通常指定为小于输出噪声功率的某个阈值,以确保最小的杂散分量不被放大到噪声基底之上而带来潜在的误检概率。

SFDR 定义为

$$\mathrm{SFDR} = P_{o_{1\mathrm{max}}} - P_{o_{1\mathrm{min}}} \tag{6.34}$$

如前所述 $P_{o_{1\mathrm{min}}}$ 设定为 N_{out},$P_{o_{1\mathrm{max}}}$ 可以用 n 阶输出功率的公式表示,其中

$$P_{o_n} = nP_{o_1} + (1-n)\mathrm{IP}_n = nP_{o_{1\mathrm{max}}} + (1-n)\mathrm{IP}_n \tag{6.35}$$

令 $P_{o_n} = N_{\mathrm{out}}$,重新整理式(6.35)可得

$$P_{o_{1\mathrm{max}}} = \dfrac{n-1}{n}\mathrm{IP}_n + \dfrac{1}{n}N_{\mathrm{out}} \tag{6.36}$$

将式(6.36)代入式(6.34),且令 $P_{o_{1\mathrm{min}}} = N_{\mathrm{out}}$,可得

$$\mathrm{SFDR} = \dfrac{n-1}{n}\mathrm{IP}_n + \dfrac{1}{n}N_{\mathrm{out}} - N_{\mathrm{out}} = \dfrac{n-1}{n}(\mathrm{IP}_n - N_{\mathrm{out}}) \tag{6.37}$$

观察式(6.37)可知,通过增加 IP_n,可提升 AESA 的动态范围,从而允许 AESA 输出更大功率的信号。同时,降低或最小化输出噪声功率,能够检测到噪底之上更小功率的信号分量。最后,结合之前对 $\mathrm{IP}_{n_{\mathrm{AESA}}}$ 的推导,AESA 的 SFDR

可以表示为

$$\text{SFDR}_{\text{AESA}} = \frac{n-1}{n}\left[\left(\frac{\left|\sum_{m=1}^{M}\sqrt{\text{ip}_{n_{\text{amplifier}}}^{(1-n)}}\alpha_m\beta_m^n\right|^2}{\left|\sum_{m=1}^{M}\alpha_m\beta_m\right|^{2n}}\right)^{\frac{1}{1-n}} - kTB\sum_{m=1}^{M}\alpha_m^2\beta_m^2 G_{a_m}\left(F_m + \frac{\frac{1}{\beta_m^2}-1}{G_{a_m}}\right)\right]$$

(6.38)

参考文献

[1] Pettai, R. *Noise in Receiving Systems*. John Wiley & Sons, 1984
[2] Holzman, E. H. "Intercept points of active phased array antennas." *IEEE MTT-S Digest*, pp. 999-1002, 1996.

第 7 章
AESA 架构

7.1 引言

第 2 章讨论了 AESA 理论涉及的基本原理,阐述了与 AESA 设计密切相关的重要概念,包括波束宽度、瞬时带宽(IBW)、栅瓣等。本章内容建立在以上知识基础上。

7.2 基础架构

AESA 的基本架构采用移相器控制每个 AESA 阵元,并通过模拟波束成形器对所有阵元的信号进行相干叠加,其拓扑图如图 7.1 所示。结合前面各章知识,图 7.2 所示的 AESA 扫描方向图具有以下几个特点。

(1) AESA 总方向图可以通过方向图乘法计算得到,即阵元方向图乘以阵因子 AF。对于不能采用单一方向图表征所有天线阵元方向图的 AESA,需要考虑每个阵元的阵元方向图。

(2) AESA 的波束宽度随着扫描角度的增加而增加,这与 MSA 不同,MSA 只有一个保持不变的视轴方向图,通过旋转关节在视场内转动。

(3) 阵元方向图幅度包络会造成 AESA 总方向图的扫描增益损耗。由于扫描损失的总增益在很大程度决定了 AESA 的阵列规模和尺寸。因此,阵列有效面积必须足够大才能补偿最大扫描角度的增益损耗。

(4) 阵因子 AF 是工作频率、阵元间距和扫描角度的函数。

(5) 对于均匀矩形分布,第一副瓣比主瓣低 13dB,并可以通过整阵幅度锥削进一步降低。图 7.2 给出了 35dB 泰勒加权($n \cdot 10^5 Pa = 5$)的 AESA 方向图。采用幅度加权会导致主瓣增益损耗,这称为锥削损耗。

(6) 在实际应用中,AESA 阵元存在相位误差和振幅误差。这些误差会恶化副瓣包络,抬升副瓣电平的峰值和平均值。

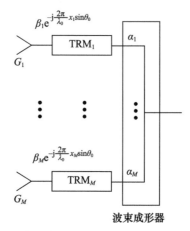

图 7.1　AESA 基本架构由阵元、收发组件、模拟波束成形器构成

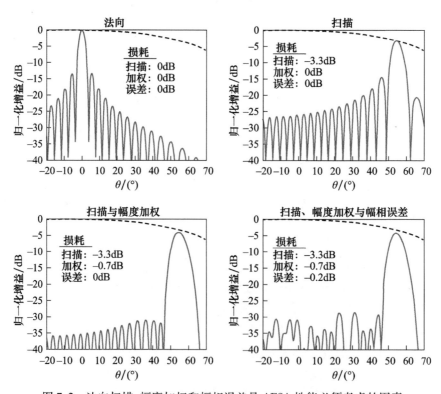

图 7.2　法向扫描、幅度加权和幅相误差是 AESA 性能必须考虑的因素

图 7.1 所示的 AESA 基本架构存在一些限制。由于采用移相器,AESA 对于较宽 IBW 存在波束倾斜的问题。虽然使用时延控制可以避免该问题,但对于大

规模阵列也存在损耗大和成本高昂的不足。此外,基本架构不适合扩展;要建造一个孔径即使大一点的 AESA,也需要进行全新研制,而不是基于模块简单拼接成所需孔径。为了解决这一问题,人们采用了子阵架构,尽量降低宽 IBW 情况下的波束倾斜增益损失,并可以基于子阵模块构造更大孔径的阵列。这可以充分发挥模块化批量生产的效率优势。子阵架构将在 7.3 节讨论。重叠子阵架构将在 7.6 节进行讨论,这种架构是对基础子阵架构的改进以实现栅瓣最小化。

理想情况下,终极 AESA 并不会有 TRM 或波束成形器。取而代之的是,HPA、LNA 和 DAC/ADC 将被放置在 AESA 的每个阵元上,并通过数字控制延迟和幅度。这有助于降低噪声系数,改善灵敏度,减少发射功率损耗,并通过消除对 TRM 和波束成形器的需要而减小尺寸。此外,通过采用数字时间延迟,IBW 将不再受到限制。但是,对于由数千个阵元构成的大规模 AESA,这在实现方面确实存在一些问题。数字分发数千个通道和一个或多个波束成形的吞吐处理能力本身就非常复杂,同时每个阵元配置 DAC/ADC 所消耗的功耗也令人生畏。然而,当前技术正在进步并接近实现,正如美国国防部高级研究计划局(DARPA)在商业时标(ACT)项目中所展示的。即使这些技术取得进步,阵元级 DBF 的大规模 AESA 也只能在未来实现。本章将对基本架构和阵元级 DBF 架构进行对比分析。

7.3 子阵架构

第 2 章对 IBW 的概念进行了详细阐述。分析表明,IBW 与孔径尺度成反比。对于大多数需要采用 AESA 的系统而言,IBW 通常需要数百 MHz 带宽。当给定孔径尺寸时,IBW 也将确定。如果 IBW 低于要求,那么 AESA 的性能将受到波束倾斜影响,如图 7.3 所示。此外,对于高接收灵敏度的应用,需要更大的 AESA 孔径(约 $1m^2$ 或更大),但这样 IBW 就会受限。总之,较大的孔径必然会限制 IBW。

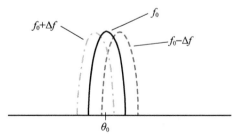

图 7.3 AESA 子阵(SA)架构设计的基础在于追求更宽的 IBW。基本架构的 IBW 由于采用移相器而受限。SA 架构将试图克服该限制

为获得更宽的 IBW,可以将图 7.1 所示的每个阵元中的移相器替换为真时延。然而,对每个阵元使用时间延迟价格将非常昂贵且损耗大,并将引入新的误差源[1]。更实际的解决方案是采用子阵,子阵由多个阵元构成,多个子阵拼成整阵。这些子阵的方向图可认为是等效阵元方向图,用于计算总的阵列方向图。图 7.4 给出了子阵架构拓扑图,其中模拟波束成形器用于子阵之间信号合路,而图 7.1 中的模拟波束成形器用于阵元之间的信号合路。

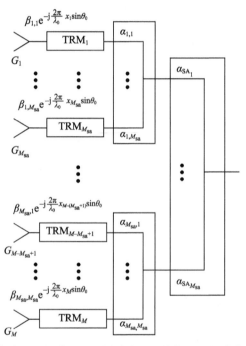

图 7.4　SA 波束成形包括将 AESA 划分为 SA,并使用两级波束成形生成波束。第一级波束成形在 SA 级,第二级波束成形在 AESA 的后端

子阵架构设计除了能够在一定程度上缓解上面讨论的 IBW 受限问题,还可以减少 AESA 所需控制单元的数量。对于扫描范围有限的应用,每个子阵可以接一个移相器,而不是每个阵元接一个移相器。然而,这样扫描范围将受限,本章后面将讨论。采用子阵架构的另一个好处是可以为批量生产提供更大的模块,而不是每个移相器就设计一个组件,这对于大规模阵列非常有吸引力。

自适应波束成形是一种结合子阵和部分阵元数字波束成形(DBF)架构的技术。在某些 AESA 中,一维可以使用数字波束成形,而另一维使用模拟波束成形。这些方法都能应用于自适应接收加权以对抗空间有意干扰,通常称为电子防御措施(ECCM)。其基本理论将结合方向图示例讨论。自适应波束成形的一个关键特点是在消除干扰的同时增强目标信号[1]。

7.4 子阵方向图推导

本节将重点讨论子阵架构下的一维 AESA 方向图表达式,以诠释和描述子阵架构下的 AESA 方向图特征。子阵架构下的 AESA 二维方向图的推导则作为练习留给读者,可以从第 2 章中的非子阵架构 AESA 方向图公式推导出来。事实上,一维公式对于研究子阵架构 AESA 方向图的性能意义重大。

在第 2 章中,一维 AESA 的方向图表达式如下:

$$F(\theta) = \cos^{\frac{EF}{2}}\theta \cdot \sum_{m=1}^{M} a_m e^{j\left(\frac{2\pi}{\lambda}x_m \sin\theta - \frac{2\pi}{\lambda_0}x_m \sin\theta_0\right)} \tag{7.1}$$

子阵架构的方向图表达式与式(7.1)类似,可以用相同的方式表示。首先假定 AESA 由 M 个独立阵元组成,这 M 个阵元被划分为 P 个子阵,每个子阵的阵元个数 $R = M/P$。阵列中的阵元总数不一定是子阵阵元数的整数倍。例如,对于重叠子阵的情况,阵列边缘子阵的阵元数量可能更少。

使用式(7.1),子阵的方向图可以写为

$$F_{SA}(\theta) = \cos^{\frac{EF}{2}}\theta \cdot \sum_{r=1}^{R} a_r e^{j\left(\frac{2\pi}{\lambda}x_r \sin\theta - \frac{2\pi}{\lambda_0}x_r \sin\theta_0\right)} \tag{7.2}$$

为了表示完整的方向图,需要在式(7.2)中加入一项来表示模拟波束成形,从而可得

$$F(\theta) = F_{SA}(\theta) \cdot \sum_{p=1}^{P} b_p e^{j\left(\frac{2\pi}{\lambda}x_p \sin\theta - \frac{2\pi}{\lambda_0}x_p \sin\theta_0\right)} \tag{7.3}$$

结合式(7.2)和式(7.3),将 AF_{SA} 代入式(7.2)求和,得到子阵架构下的 AESA 方向图表达式:

$$F(\theta) = EP \cdot \sum_{p=1}^{P} b_p \cdot AF_{SA_p} e^{j\left(\frac{2\pi}{\lambda}x_p \sin\theta - \frac{2\pi}{\lambda_0}x_p \sin\theta_0\right)} \tag{7.4}$$

如果假定所有子阵具有相同的 AF,式(7.4)可以进一步简化为

$$F(\theta) = (EP \cdot AF_{SA_p}) \cdot \sum_{p=1}^{P} b_p \cdot e^{j\left(\frac{2\pi}{\lambda}x_p \sin\theta - \frac{2\pi}{\lambda_0}x_p \sin\theta_0\right)} \tag{7.5}$$

式(7.5)与式(7.1)非常相似,差异在于等效阵元方向图是由单个阵元的单元方向图乘以子阵的阵因子 AF。此外,求和是针对所有子阵而不是所有阵元进行的。进一步简化式(7.5),得到如下表达式:

$$F(\theta) = (EP \cdot AF_{SA_p}) \cdot AF_p = EP_{SA} \cdot AF_p \tag{7.6}$$

式(7.6)给出了非常直观的表达。该式表明,子阵架构下的 AESA 总方向图等于子阵等效阵元方向图与后端波束成形的阵因子 AF 相乘。这对于深入理解子阵间使用真时延或数字波束成形而不使用相移器的内涵非常有用。下面做详细说明。

7.5 子阵波束成形

有多种 AESA 架构拓扑可用于实现子阵波束成形,包括使用移相器、时间延迟和数字波束成形中的一种或多种组合。三种架构方法如图 7.5 所示,每种架构都有自身的局限性和优点。

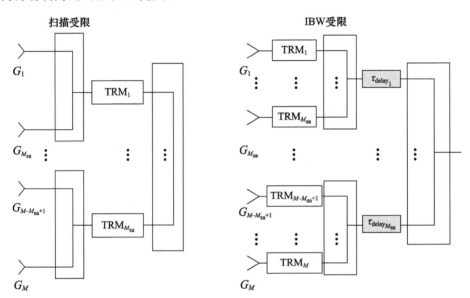

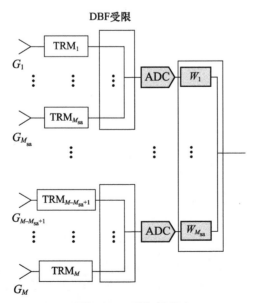

图 7.5 三种架构方法

7.5.1 子阵移相器波束成形

图 7.6 给出了仅在子阵级使用移相器的 AESA 子阵架构。如前面所述,这种架构仅在子阵级使用移相器,而不是每个阵元都使用移相器,其优势在于大幅减少了控制单元的数量。将式(7.5)展开,得到子阵架构的方向图表达式:

$$F(\theta) = \left[\mathrm{EP} \cdot \sum_{r=1}^{R} a_r e^{j\left(\frac{2\pi}{\lambda}x_r\sin\theta - \frac{2\pi}{\lambda_0}x_r\sin\theta_0\right)} \right] \cdot \sum_{p=1}^{P} b_p \cdot e^{j\left(\frac{2\pi}{\lambda}x_p\sin\theta - \frac{2\pi}{\lambda_0}x_p\sin\theta_0\right)} \quad (7.7)$$

图 7.6 中的阵列没有阵元级移相器,因此必须修改式(7.7)中的阵因子项,得到下式:

$$F(\theta) = \left[\mathrm{EP} \cdot \sum_{r=1}^{R} e^{j\left(\frac{2\pi}{\lambda}x_r\sin\theta\right)} \right] \cdot \sum_{p=1}^{P} b_p \cdot e^{j\left(\frac{2\pi}{\lambda}x_p\sin\theta - \frac{2\pi}{\lambda_0}x_p\sin\theta_0\right)} \quad (7.8)$$

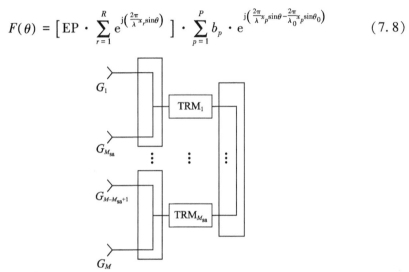

图 7.6 子阵级使用移相器的 AESE 子阵架构
(该子阵架构由于没有阵元级扫描控制而使扫描受限)

图 7.7 对式(7.8)进行了图示说明。子阵架构不仅控制单元的数量减少了,扫描范围也缩小了。由于子阵的阵因子不随波束指向改变,方向图中会产生较高的副瓣,如图 7.8 所示。这种仅在子阵级采用移相器进行控制的方案,仅适用于有限扫描角度的应用需求。

值得指出的是,即使在子阵级采用时间延迟代替相位延迟,其结果也是相同的。因为在没有阵元级控制的情况下,子阵的阵因子不能进行电扫,从而限制了 AESA 的扫描能力。

7.5.2 子阵时延波束成形

如前所述,为了使子阵列架构下 AESA 的扫描能力不受限,需要采用阵元级控制,使得子阵的阵因子可以随主瓣进行扫描。阵元级控制可以采用移相器延

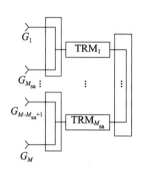

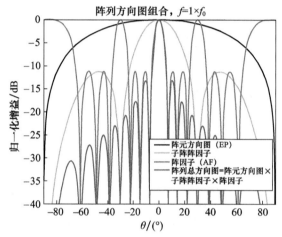

图 7.7　有限扫描子阵架构在视轴方向的性能良好(见彩插)

迟或时间延迟。然而,阵元级时间延迟会增加复杂度,尤其是对于大规模 AESA (数百个或数千个阵元)。这就引出了图 7.9 所示的架构设计。借助式(7.7), 对应的整阵方向图的表达式为

$$F(\theta) = \left[\text{EP} \cdot \sum_{r=1}^{R} a_r e^{j\left(\frac{2\pi}{\lambda}x_r\sin\theta - \frac{2\pi}{\lambda_0}x_r\sin\theta_0\right)} \right] \cdot \sum_{p=1}^{P} b_p \cdot e^{j\frac{2\pi}{\lambda}x_p(\sin\theta - \sin\theta_0)} \quad (7.9)$$

图 7.9 所示的架构在阵元级使用相位延迟,在子阵级使用时间延迟,这样既减少了所需的时间延迟器件的数量,也能够实现良好的扫描性能。采用阵元级控制,使子阵的阵因子可以随整阵进行扫描。图 7.10 展示了采用图 7.9 所示架构进行 AESA 扫描的示例。阵列在工作频率 f_0 处扫描到 30°的方向图性能良好,和预期一样。

这种方法的缺点是 IBW 仍然受限。观察式(7.9),子阵的阵因子在中心调谐频率处($\lambda = \lambda_0$)有最大值;然而,当频率偏离调谐频率时,阵因子出现倾斜,且在非调谐频率处($\lambda \neq \lambda_0$)没有最大值,如图 7.11 所示。不过 IBW 的这种限制仍然优于非子阵列架构的 AESA。第 2 章已证明 AESA 的 IBW 可表示为

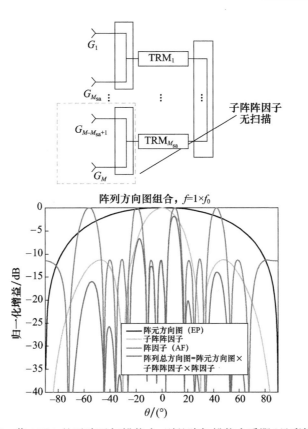

图 7.8　若 AESA 的子阵无扫描能力,则整阵扫描能力受限(见彩插)

$$\text{IBW} = \frac{c}{L\sin\theta_0} \quad (7.10)$$

子阵架构 AESA 采用子阵级时间延迟后,IBW 不再受总阵列大小的限制,而是受子阵大小的约束,可以表示为

$$\text{IBW} = \frac{P \cdot c}{L\sin\theta_0} \quad (7.11)$$

式中:P 为子阵的数量。

对比式(7.10)和式(7.11)可知,IBW 随子阵数量 P 的增加而增大。这是因为在固定孔径长度 L 下,随着 IBW 的增加,子阵数量也会增加,子阵的尺寸则变小。然而,随着 IBW 的增加,也会伴随着增益损失(没有免费的午餐),如下所示[1]:

$$\text{增益损失} \approx 1 - \left[\frac{\sin\left(\frac{\pi}{4}\sin\theta_0\right)}{\frac{\pi}{4}\sin\theta_0}\right]^2 \quad (7.12)$$

这种增益的下降是由于子阵波束宽度的增加。而随着子阵波束宽度的增加,后端阵因子引起的副瓣电平也会抬升。

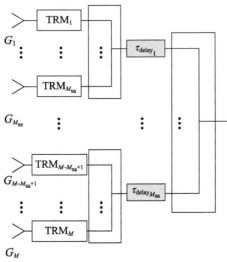

图 7.9 通过 TRM 为子阵阵元增加移相器使子阵扫描消除有限扫描 SA 架构的扫描限制（见彩插）

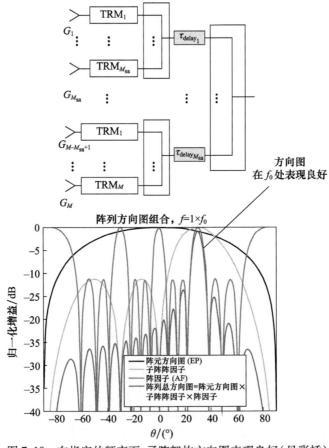

图 7.10 在指定的频率下，子阵架构方向图表现良好（见彩插）

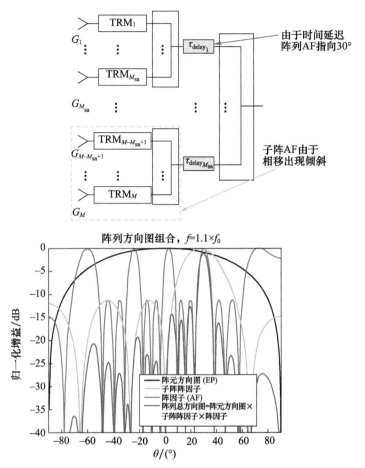

图 7.11 子阵架构的 IBW 受限于失谐频率处的 SA 方向图的大小。后端波束成形的阵因子与子阵阵因子方向图相乘后,副瓣电平抬升(见彩插)

7.5.3 子阵数字波束成形

通过在阵元级采用相位延迟和在子阵级采用时间延迟,可以在 IBW 受限条件下提供良好的扫描性能。然而,其 IBW 相对于仅有相位控制的相同尺寸非子阵架构 AESA 仍然具有优势。另一种替代子阵级时延控制的方法是为每个子阵配置接收机通道,然后在数字域将各子阵合成,如图 7.12 所示,称为数字波束成形(DBF)。

DBF 方向图的数学表达式与式(7.9)相似。DBF 通过对多路 ADC 输出信号进行数字多路复用,能够生成多个同时 AESA 波束,各波束共享全口径增益。DBF 通过调整数字权值,可以同时控制多个波束在不同方向上进行独立扫描。这些波束的电扫限制在子阵的波束宽度内。该方案的优势在于每个波束可具有整个口径的增益,如图 7.13 所示。不过,DBF 存在 IBW 受限问题,为了降低影响,需要根据 IBW 要求合理设计子阵口径尺寸。

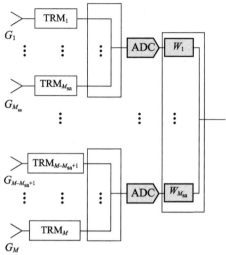

图 7.12 将每个子阵后面的时间延迟替换为 ADC,能够在数字域形成多个同时波束(见彩插)

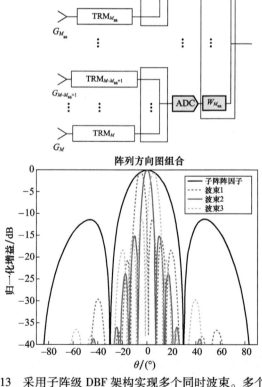

图 7.13 采用子阵级 DBF 架构实现多个同时波束。多个波束
仅受子阵方向图宽度限制。无论子阵如何扫描,都可实现同样性能

7.6 重叠子阵架构

无论对于子阵时延波束成形架构还是对于子阵数字波束成形架构，IBW 都受限于子阵波束方向图的形状。当频率偏离中心工作频率时，子阵方向图就会发生倾斜，后端阵因子方向图就会产生栅瓣。为了降低这种影响，需要一种类似于滤波器加窗效果的子阵列方向图，这可以通过采用重叠子阵实现。图 7.14 给出了重叠子阵 AESA 架构的示例，相邻子阵形成一个重叠的子阵阵因子。该阵因子具有加窗效果，能够降低非调谐频率下的栅瓣。理想情况下，$\sin x$ 分布可以提供类窗的空间方向图分布，如图 7.15 所示。

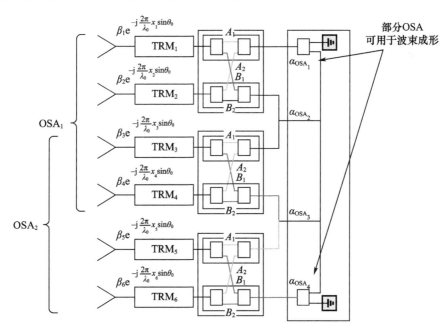

图 7.14 重叠子阵架构能够降低子阵的阵因子波束宽度，通过抑制后端阵因子的副瓣提高 IBW

重叠子阵的阵因子可以表达为

$$\mathrm{AF}_{\mathrm{OSA}}(\theta) = \sum_{r=1}^{R} A_{r,p} \mathrm{e}^{\mathrm{j}\left(\frac{2\pi}{\lambda}x_{r,p}\sin\theta - \frac{2\pi}{\lambda_0}x_{r,p}\sin\theta_0\right)} + \sum_{p=1}^{R} B_{r,p+1} \mathrm{e}^{\mathrm{j}\left(\frac{2\pi}{\lambda}x_{r,p+1}\sin\theta - \frac{2\pi}{\lambda_0}x_{r,p+1}\sin\theta_0\right)}$$

(7.13)

式(7.13)假定相邻子阵按 2∶1 重叠，则重叠子阵架构 AESA 的总方向图可以写为

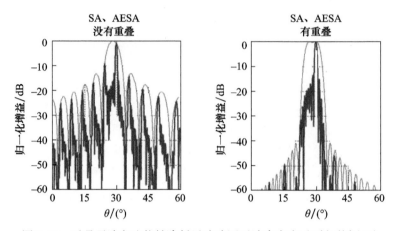

图 7.15 重叠子阵方法能够降低子阵阵因子波束宽度，抑制副瓣电平

$$F(\theta) = \left[\text{EP} \cdot \sum_{r=1}^{R} A_{r,p} e^{j\left(\frac{2\pi}{\lambda} x_{r,p} \sin\theta - \frac{2\pi}{\lambda_0} x_{r,p} \sin\theta_0\right)} + \sum_{p=1}^{R} B_{r,p+1} e^{j\left(\frac{2\pi}{\lambda} x_{r,p+1} \sin\theta - \frac{2\pi}{\lambda_0} x_{r,p+1} \sin\theta_0\right)} \right]$$

$$\sum_{p=1}^{P-1} b_p \cdot e^{j\frac{2\pi}{\lambda} x_p (\sin\theta - \sin\theta_0)} \tag{7.14}$$

式(7.14)在形式上与式(7.9)相似，唯一的区别是用重叠子阵的阵因子取代了非重叠子阵的阵因子。图 7.14 中阵列边缘的子阵只有一半重叠，简单起见，将其省略。图 7.16 和图 7.17 说明了重叠子阵带来的好处。

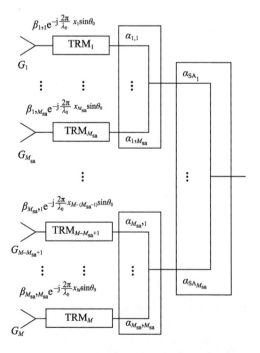

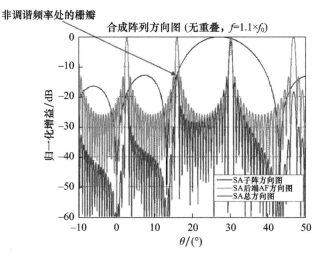

图 7.16 对于非重叠子阵架构，后端阵因子导致的栅瓣会造成整阵方向图副瓣抬升（见彩插）

非重叠子阵方向图工作在非调谐频率时会出现栅瓣，该栅瓣由后端波束成形器的阵因子引起，而重叠子阵方向图工作在非调谐频率的性能良好。如前所述，重叠子阵的阵因子在空间上对后端波束成形器的阵因子进行了衰减，因此可以提供相对非重叠子阵更优的 IBW 性能。

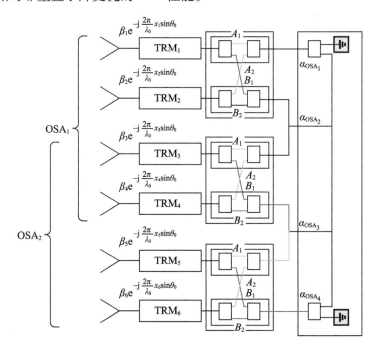

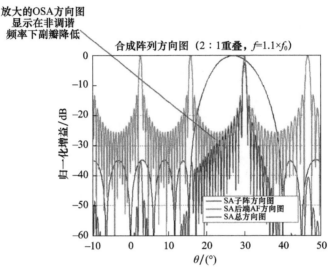

图 7.17 采用重叠子阵架构后的子阵阵因子的波束宽度变窄,同时对副瓣加权将后端阵因子 AF 的影响降至最小,整阵性能即使在失调频率下也表现优越(见彩插)

7.7 阵元级 DBF 架构

如前所述,一个完全的阵元级 DBF(EDBF)架构不包含收发组件(TRM)或波束成形器,如图 7.18 所示,阵列中每个阵元都有自己的 HPA、LNA 和 DAC/ADC。在该架构中,幅度和延迟加权不是通过模拟实现的,而是通过数字实现的。此外,通过 DAC 和 ADC 对发送和接收的信号分别进行转换,也不再需要模拟波束成形器。

EDBF 对于大 IBW 的应用具有非常大的优势。如第 2 章所示,当用真时延(TTD)控制波束时,不存在波束倾斜增益损失。AESA 可以在视场内扫描其波束,且失调频率并不会导致倾斜损失,如图 7.19 所示。采用移相器控制的模拟 AESA 会造成失调频率处的增益损失,而 EDBF 架构不存在该问题,这对 IBW 不低于 500MHz 的大规模阵列非常有用。

最后,EDBF 架构 AESA 的另一个优点是能够在发射和接收时形成多个同时波束,而不需要多个模拟波束成形器。多波束可以通过子阵级数字化实现,但仍受限于子阵的 IBW。图 7.20 给出了 EDBF 多个波束同时在视场内扫描的方向图。

较低工作频率 AESA 较为适合采用 EDBF 架构,因为其阵元数量较少,如数百个。这使低频 EDBF 在当前技术水平下成为一种可行的技术路线。尽管数百个 DAC/ADC 的电源管理仍然具有挑战性,但当前技术条件下在可能范围内。

然而,对于高频 AESA,阵元数量通常从几百个增加到几千个,从电源功耗和数据速率/吞吐的角度看采用 EDBF 的难度仍然非常大[2]。

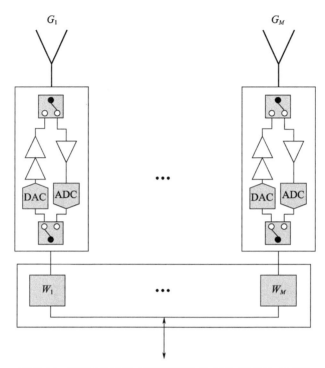

图 7.18　EDBF 完全取消了模拟波束成形,所有波束成形均在数字域完成,没有 IBW 或 SA 限制

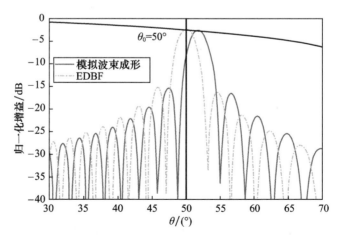

图 7.19　与模拟波束成形相比,EDBF 消除了波束斜视。当扫描到 50°时,移相器控制造成严重的倾斜,EDBF 不存在该问题

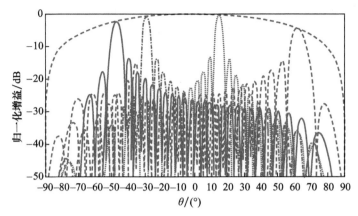

图 7.20 EDBF 可以形成多个同时波束,且不受子阵方向图的限制。
阵元方向图即 EDBF 的子阵方向图,使得多波束能够在整个视场内进行同时扫描

 ## 7.8 自适应波束成形

如前所述,副瓣加权可以用于抵消进入 AESA 副瓣的干扰信号。然而,正如第 2 章和第 5 章所介绍的,这会导致锥削增益损失,从而降低波束灵敏度。用于降低副瓣的锥削越大,则天线主瓣增益损失越大。表 7.1 给出了 40×40 阵列的不同二维泰勒加权值情况下相对均匀加权情况的灵敏度损失。由表可见,通过加权降低 SLL 来对抗 ECM 也会造成增益损失;而自适应波束成形是一种可以提供 ECCM 而不会造成过低副瓣或过高灵敏度损失的技术。

正如在第 2 章中提到的,即便使用幅度加权,AESA 阵元本身的幅度与相位误差也会限制副瓣电平调整程度。

表 7.1 40×40 阵列的不同二维泰勒加权值情况下
相对均匀加权情况的灵敏度损失

SLL/dB	nbar	损耗/dB
−20	5	−0.3
−25	5	−0.8
−30	5	−1.3
−35	5	−1.8
−40	5	−2.3

大幅度加权之外的另一种选择是自适应波束成形(ABF)。ABF 的工作原理是自动调整波束成形权值,使入射到副瓣的干扰功率最小化[2]。图 7.21 给出了由 M 个阵元构成的 AESA,每个阵元都配置一个 ADC。简单起见,图中接收链路

省略了 LNA。该图描述方法也同样适用于子阵情况,即用子阵方向图替换阵元方向图进行分析。

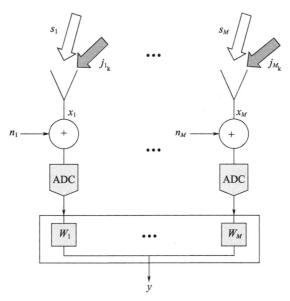

图 7.21 ADC 信号 X_M 被自适应加权以使信干比最大化

如图 7.21 所示,期望信号以角度 θ_0 入射到 AESA,干扰信号以角度 θ_j 入射。对每个阵元接收到的信号 x_m 施加自适应权值 w_m,然后对所有加权阵元进行求和作为输出。x_m 包含了每个阵元接收到的期望信号、干扰信号和环境噪声。使用向量表示该求和,可以写为

$$y = \boldsymbol{\omega}^H \boldsymbol{x} \tag{7.15}$$

式中:上角标 H 表示向量 $\boldsymbol{\omega}$ 的厄米共轭转置。

ABF 的目标就是寻找最优权值 $\boldsymbol{\omega}$,使期望信号最大化,同时使来自其他方向的干扰最小化。

阵元之间的相位关系就是 AF 表达式中的指数项,即 $e^{j\frac{2\pi}{\lambda}d_m\sin\theta}$,称为导向向量,可以表示为

$$\boldsymbol{v}(\theta) = [1 \quad e^{j\frac{2\pi}{\lambda}d\sin\theta} \quad \cdots \quad e^{j\frac{2\pi}{\lambda}(M-1)d\sin\theta}]^T \tag{7.16}$$

其中,导向向量权值以阵列一端为相位参考,$d_m = (m-1)d$,d 为阵元间距[2]。

为了找到最优权值,需对波束成形各种信号的功率进行权值向量的优化。最常用的方法是最小化均方误差(MSE)信号或最大化信噪比[2]。图 7.21 中波束成形器的输出功率可以写为如下形式[1]:

$$P_{\text{out}} = E[|y|^2] = \boldsymbol{\omega}^H \boldsymbol{R} \boldsymbol{\omega} \tag{7.17}$$

其中,协方差矩阵 $\boldsymbol{R}$ 定义为

$$R = E[xx^H] = |S|^2 v(\theta_s) v^H(\theta_s) + \sum_{k=1}^{K} |a_k|^2 v(\theta_k) v^H(\theta_k) + \sigma_n^2 I \quad (7.18)$$

式中：S 为期望信号；σ_n 为噪声功率；a_k 为第 k 个干扰的幅度；I 为单位矩阵。矩阵 R 对角线上的各项为各阵元信道的自协方差，而非对角线各项提供信号和干扰的到达角信息，通过自适应调整使不同角度的入射干扰功率最小化。为使波束成形器的输出和期望信号的均方误差最小，最优的自适应权值可以表示为

$$w_{\text{optimum}} = kR^{-1}v(\theta_0) \quad (7.19)$$

式中：k 为完整性的任意常数，可设为 1。

图 7.22 给出了采用有 ABF 和无 ABF 两种情况的一维 AESA 方向图，该 AESA 由 30 个阵元构成。在这个例子中，波束主瓣扫描到 20°，干扰信号从 -30° 角度入射，采用 ABF 的方向图在 -30° 角度生成零陷。图 7.23 给出了相同的一

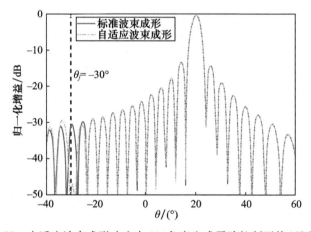

图 7.22 自适应波束成形响应在 30° 角度生成零陷抑制干扰（见彩插）

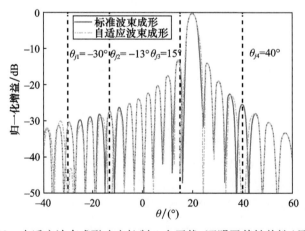

图 7.23 自适应波束成形响应抑制 4 个干扰,证明了其健壮性（见彩插）

维 AESA 在 4 个干扰情况下的方向图,表明了 ABF 的有效性和适应性。自适应加权方法最优地分配自由度(数字化信道),以增强期望的目标信号,同时消除干扰和其他环境因素(如杂波)[1]。

参考文献

[1] Skolnik, M. I. *Radar Handbook*. McGraw Hill, 1990.
[2] Melvin, W., and Scheer, J. A. *Principles of Modern Radar*. SciTech Publishing, 2013.

附录 A
阵因子(AF)的推导

第 2 章给出了阵因子(AF)的闭合解表达式为

$$\mathrm{AF} = \frac{\sin\left[M\pi d\left(\frac{\sin\theta_0}{\lambda_0} - \frac{\sin\theta}{\lambda}\right)\right]}{\sin\left[\pi d\left(\frac{\sin\theta_0}{\lambda_0} - \frac{\sin\theta}{\lambda}\right)\right]} \tag{A.1}$$

式(A.1)可以从均匀辐照下 AF 的指数求和表达式推导得出,即

$$\mathrm{AF} = \sum_{m=1}^{M} e^{j\left(\frac{2\pi}{\lambda}x_m\sin\theta - \frac{2\pi}{\lambda_0}x_m\sin\theta_0\right)} \tag{A.2}$$

各阵元的位置 x_m 可以表示为 $x_m = \left(m - \frac{M+1}{2}\right)d_x$,$d_x$ 为阵元间距,M 为阵元数量。使用该表达式并将阵列的相位中心设置在 $x = 0$[①],则式(A.2)可以写为

$$\begin{aligned}
\mathrm{AF} &= \sum_{m=1}^{M} e^{jx_m\left(\frac{2\pi}{\lambda}\sin\theta - \frac{2\pi}{\lambda_0}\sin\theta_0\right)} \\
&= \sum_{m=1}^{M} e^{jd_x\left(m - \frac{M+1}{2}\right) \cdot \left(\frac{2\pi}{\lambda}\sin\theta - \frac{2\pi}{\lambda_0}\sin\theta_0\right)} \\
&= \sum_{m=1}^{M} e^{j\Psi\left(m - \frac{M+1}{2}\right)}
\end{aligned} \tag{A.3}$$

其中,$\Psi = d_x\left(\frac{2\pi}{\lambda}\sin\theta - \frac{2\pi}{\lambda_0}\sin\theta_0\right)$,则式(A.3)可展开为

$$\begin{aligned}
\mathrm{AF} &= \sum_{m=1}^{M} e^{j\Psi\left(m - \frac{M+1}{2}\right)} \\
&= e^{j\Psi\frac{1-M}{2}} + e^{j\Psi\frac{3-M}{2}} + \cdots + e^{j\Psi\frac{M-3}{2}} + e^{j\Psi\frac{M-1}{2}}
\end{aligned} \tag{A.4}$$

当与 $e^{j\Psi}$ 相乘之后,结果为

[①] x_m 也可以用 $x_m = (m-1)d_x$ 表示,但这样会使相位中心偏离 $x = 0$。

$$e^{j\Psi}AF = e^{j\Psi\frac{3-M}{2}} + \cdots + e^{j\Psi\frac{M-1}{2}} + e^{j\Psi\frac{M+1}{2}} \quad (A.5)$$

式(A.4)减去式(A.5),可以得到

$$AF - e^{j\Psi}AF = AF(1 - e^{j\Psi}) = e^{j\Psi\frac{1-M}{2}} - e^{j\Psi\frac{M+1}{2}} \quad (A.6)$$

根据式(A.6)可以得到新的 AF 的表达式:

$$AF = \frac{e^{j\Psi\frac{1-M}{2}} - e^{j\Psi\frac{M+1}{2}}}{1 - e^{j\Psi}} \quad (A.7)$$

式(A.7)可以进一步简化为

$$\begin{aligned}
AF &= \frac{e^{j\Psi\frac{1-M}{2}} - e^{j\Psi\frac{M+1}{2}}}{1 - e^{j\Psi}} \\
&= \frac{e^{j\left(\frac{\Psi}{2} - \frac{\Psi M}{2}\right)} - e^{j\left(\frac{\Psi}{2} + \frac{\Psi M}{2}\right)}}{e^{j\frac{\Psi}{2}}(e^{-j\frac{\Psi}{2}} - e^{j\frac{\Psi}{2}})} \\
&= \frac{e^{j\frac{\Psi}{2}}(e^{-j\frac{\Psi M}{2}} - e^{j\frac{\Psi M}{2}})}{e^{j\frac{\Psi}{2}}(e^{-j\frac{\Psi}{2}} - e^{j\frac{\Psi}{2}})} \\
&= \frac{e^{-j\frac{\Psi M}{2}} - e^{j\frac{\Psi M}{2}}}{e^{-j\frac{\Psi}{2}} - e^{j\frac{\Psi}{2}}}
\end{aligned} \quad (A.8)$$

利用欧拉恒等式 $\sin\theta = \dfrac{e^{j\theta} - e^{-j\theta}}{2j}$,式(A.8)可简化为

$$AF = \frac{\sin\left(M \cdot \dfrac{\Psi}{2}\right)}{\sin\dfrac{\Psi}{2}} \quad (A.9)$$

对式(A.9)中的 Ψ 进行替换,可得

$$AF = \frac{\sin\left[M \cdot d_x\left(\dfrac{\pi}{\lambda}\sin\theta - \dfrac{\pi}{\lambda_0}\sin\theta_0\right)\right]}{\sin\left[d_x\left(\dfrac{\pi}{\lambda}\sin\theta - \dfrac{\pi}{\lambda_0}\sin\theta_0\right)\right]} \quad (A.10)$$

式(A.10)与式(A.1)等价。

附录 B
瞬时带宽(IBW)的推导

第 2 章给出了瞬时带宽(IBW)的表达式：

$$\text{IBW} = \frac{kc}{L\sin\theta_0} \tag{B.1}$$

式中：k 为波束宽度因子；L 为 AESA 的长度；θ_0 为要求的最大扫描角度。

可以得到一个可替换的表达式，最终简化为式(B.1)。

首先，从第 2 章中的 AF 表达式开始推导：

$$\text{AF} = \sum_{m=1}^{M} a_m e^{j\left(\frac{2\pi}{\lambda}x_m\sin\theta - \frac{2\pi}{\lambda_0}x_m\sin\theta_0\right)} \tag{B.2}$$

然后，将式(B.2)写为 f 的形式，即

$$\text{AF} = \sum_{m=1}^{M} a_m e^{j\frac{2\pi}{c}x_m(f\sin\theta - f_0\sin\theta_0)} = \sum_{m=1}^{M} a_m e^{j\frac{2\pi}{c}x_m(\Psi)} \tag{B.3}$$

其中，$\Psi = (f\sin\theta - f_0\sin\theta_0)$。当工作在频率 $f=f_0$，且 ESA 扫描至 $\theta = \theta_0$ 时，$\Psi = 0$。然而，当频率偏离 f_0 时，即 $f=f_0 + \Delta f$，则 $\Psi = (f_0 + \Delta f)\sin\theta - f_0\sin\theta_0$，此时 Ψ 不再为零，因此会导致波束倾斜(AF 与 AESA 方向图在 θ_0 以外的角度上取得最大值)。

将 $f=f_0 + \Delta f$ 和 $\theta = \theta_0 + \Delta\theta$ 代入 Ψ 的表达式中，可以计算得出波束倾斜量 $\Delta\theta$：

$$\begin{aligned}\Psi &= f\sin\theta - f_0\sin\theta_0 \\ &= (f_0 + \Delta f)\sin(\theta_0 + \Delta\theta) - f_0\sin\theta_0\end{aligned} \tag{B.4}$$

需要说明的是，当 $\Delta f > 0$，$\Delta\theta < 0°$ 时，意味着频率大于 f_0，波束指向角小于扫描角。当频率小于 f_0 时，$\Delta f < 0$，$\Delta\theta > 0°$。令式(B.4)中的 $\Psi = 0$，并使用三角恒等式 $\sin(A - B) = \sin A\cos B - \sin B\cos A$，则得到：

$$(f_0 + \Delta f)[\sin\theta_0\cos(\Delta\theta) - \sin(\Delta\theta)\cos\theta_0] = f_0\sin\theta_0 \tag{B.5}$$

对波束倾斜项进行小角度近似($\sin\alpha \approx \alpha$，$\cos\alpha \approx 1$)，可以将式(B.5)简化为

$$\Delta\theta = \frac{\Delta f}{(f_0 + \Delta f)}\tan\theta_0 \qquad (\text{B.6})$$

$$\approx \frac{\Delta f}{f_0}\tan\theta_0 \qquad (\text{B.7})$$

式(B.7)与文献[1]中的表达式相同,考虑到 Δf 就是 IBW,并结合 $\Delta\theta = kBW = k\dfrac{\lambda}{L}$,最终可以得出:

$$\text{IBW} = \frac{k\lambda}{L} \cdot \frac{f_0}{\tan\theta_0} = \frac{kc}{L\tan\theta_0} \qquad (\text{B.8})$$

当扫描角小于 20°时,式(B.8)与式(B.1)的数值近似。

参考文献

[1] Skolnik, M. I. *Radar Handbook*. McGraw Hill, 1990.

附录 C
三角栅格布局栅瓣的推导

第 2 章给出的三角栅格排布阵元的栅瓣表达式为[1-2]：

$$u_m = u_0 + m\frac{\lambda}{2d_x}, v_n = v_0 + n\frac{\lambda}{2d_y} \quad (m,n = 0, \pm 1, \pm 2,\cdots; m+n \text{ 为偶数})$$

(C.1)

尽管文献[2]中给出了该表达式的推导，但此处将给出一种更直观的推导过程。首先，考虑一个阵元间距分别为 d_x 和 d_y 的矩形阵列，如图 C.1 所示。从第 2 章中可知，这种阵元间距的阵列的栅瓣将会出现如下：

$$\begin{cases} u_m = u_0 + m\dfrac{\lambda}{2d_x} & (m = 0, \pm 1, \pm 2,\cdots) \\ v_n = v_0 + n\dfrac{\lambda}{2d_y} & (n = 0, \pm 1, \pm 2,\cdots) \end{cases}$$

(C.2)

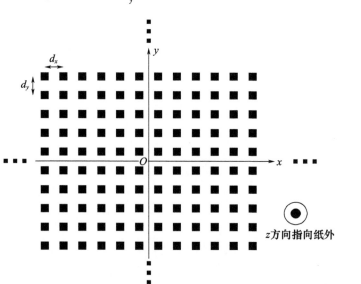

图 C.1　阵元间隔分别为 $2d_x$ 和 $2d_y$ 的矩形阵列

附录C 三角栅格布局栅瓣的推导

考虑另一个阵元间距同样为 $2d_x$ 和 $2d_y$ 的阵列,但是存在 d_x 和 d_y 的偏移量,如图 C.2 所示,该偏移量可以在数学上表达为复指数形式:$e^{-j\frac{2\pi}{\lambda}[d_x(u-u_0)+d_y(v-v_0)]}$。这两个偏移的矩形阵列的合成阵因子($AF_{total}$)可以表示为

$$\begin{aligned} AF_{total} &= AF_1 + AF_2 \\ &= AF_1 + AF_1 e^{-j\frac{2\pi}{\lambda}[d_x(u-u_0)+d_y(v-v_0)]} \\ &= \left\{ 1 + e^{-j\frac{2\pi}{\lambda}[d_x(u-u_0)+d_y(v-v_0)]} \right\} AF_1 \end{aligned} \quad (C.3)$$

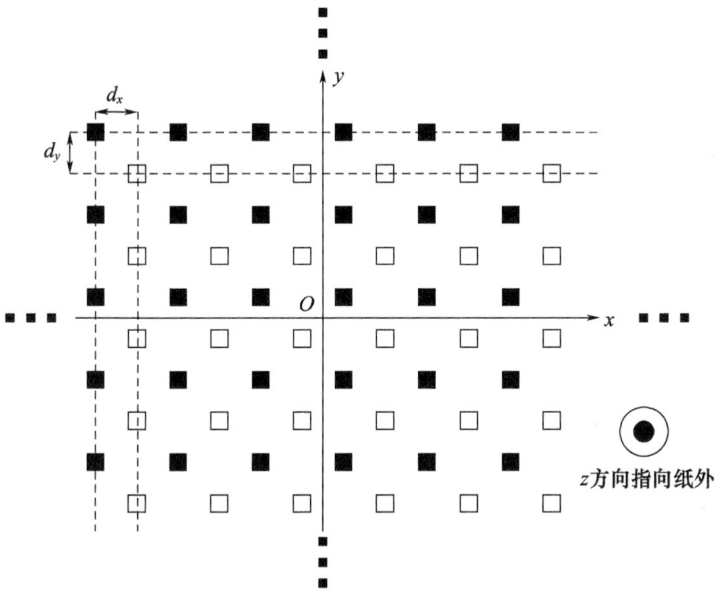

图 C.2 三角栅格排布的 AESA 可以表示为偏移量为 d_x 和 d_y 的两个矩形阵的组合

式(C.3)中的 AF_1 和 AF_2 分别是两个阵的阵因子。根据式(C.2),式(C.1)中 AF 的最大值(栅瓣)出现在 $m\frac{\lambda}{2d_x}$ 和 $n\frac{\lambda}{2d_y}$ 的整数倍处,并代入式(C.3)中的复指数相移项,可得:

$$1 + e^{-j\frac{2\pi}{\lambda}\left(d_x \frac{m\lambda}{2d_x} + d_y \frac{n\lambda}{2d_y}\right)} = 1 + e^{-j\pi(m+n)} = \begin{cases} 0, & m+n \text{ 为奇数} \\ 1, & m+n \text{ 为偶数} \end{cases} \quad (C.4)$$

从式(C.4)中可以看出,式(C.3)中的 AF 表达式只有在 $m+n$ 为偶数时才具有最大值。这些最大值就是三角栅格排布时的栅瓣,三角栅格可看作空间偏移的两个矩形栅格的叠加。栅瓣的位置在正弦空间中的表达式如下($m+n$ 为偶数):

$$\begin{cases} u_m = u_0 + m\dfrac{\lambda}{2d_x} & (m = 0,\ \pm 1,\ \pm 2,\cdots) \\ v_n = v_0 + n\dfrac{\lambda}{2d_y} & (n = 0,\ \pm 1,\ \pm 2,\cdots) \end{cases} \quad (\text{C.5})$$

式(C.5)与式(C.1)等效。

参考文献

[1] Skolnik, M. I. *Radar Handbook*. McGraw Hill, 1990.
[2] Corey, L. "A method for minimizing the number of elements in a phased-array antenna." *Antennas and Propagation Society International Symposium*, pp. 241-244, 1985.

附录 D
截取点通用表达式的推导

如第 4 章所讨论的,可以通过几个简单的步骤推导出截取点的通用表达式。该表达式可用于计算非线性器件(如放大器)产生的 n 阶杂散产物的截取点。需要说明的是,表达式采用的单位为分贝(dB)。两个标量相乘,对应的分贝值相加,即 ab 对应 $10\lg a + 10\lg b = A + B$。这一点对于理解下面的推导很重要。

式(2.6)中给出的 n 阶输出功率采用分贝值的表达式为

$$P_{o_n} = nP_{in} + c_1 \tag{D.1}$$

式中:P_{o_n} 为 n 阶输出功率;n 为非线性输出的阶数;P_{in} 为线性输入功率;c_1 为任意常数。

P_{o_1} 可以表示为

$$P_{o_1} = P_{in} + G \tag{D.2}$$

式中:G 为非线性器件的增益。

将式(D.2)代入式(D.1),可以得到 P_{o_n} 的修正表达式:

$$\begin{aligned} P_{o_n} &= n(P_{o_1} - G) + c_1 \\ &= nP_{o_1} - nG + c_1 \\ &= nP_{o_1} + c_2 \end{aligned} \tag{D.3}$$

$$c_2 = -nG + c_1$$

根据定义,在第 n 阶截取点 IP_n 处,$P_{o_n} = P_{o_1} = IP_n$,则式(D.3)变为

$$IP_n = nIP_n + c_2 \tag{D.4}$$

重新排列式(D.4),c_2 可表示为

$$c_2 = IP_n(1 - n) \tag{D.5}$$

将式(D.5)代入式(D.3),可得

$$P_{o_n} = nP_{o_1} + (1 - n)IP_n \tag{D.6}$$

这就是 n 阶输出功率与线性输出功率和截取点的关系。根据式(D.6)进一步得到

$$\mathrm{IP}_n = \frac{1}{1-n}P_{o_n} - \frac{n}{1-n}P_{o_1} \tag{D.7}$$

作为示例,使用式(D.6)计算三阶截取点,将 $n=3$ 代入式(D.6),可得

$$\begin{aligned}P_{o_3} &= 3P_{o_1} + (1-3)\mathrm{IP}_3 \\ &= 3P_{o_1} + (-2)\mathrm{IP}_3 \\ &= 3\left(P_{o_1} - \frac{2}{3}\mathrm{IP}_3\right)\end{aligned} \tag{D.8}$$

式(D.8)就是常见的 P_{o_3} 表达式,可以用于计算相对 IP_3 的无杂散动态范围(SFDR)(见第 6 章)。当 P_{o_3} 等于噪底 kTBGF 时,此时对应的 P_{o_1} 为可取最大值。实际设计中,通常将 P_{o_3} 设置为更低值,以确保杂散低于底噪。

附录 E
失效阵元对 AESA 性能的影响

第 4 章中讨论了失效阵元对 AESA 可靠性的影响。除此之外,失效的 TRM 也会影响雷达距离方程中的信号功率。失效的 TRM 会造成 P_{TX} 和 G_{TX} 减小,这也是决定辐射功率和收发增益的主要因素。表 E.1 给出了 AESA 失效阵元对不同用途的系统的性能影响。本附录将使用雷达距离方程定量评估这些影响。对于下述的推导,假设每个 TRM 代表单个通道/阵元,允许 TRM 和阵元可以交换使用。

考虑有源相控阵 AESA 由 N 个 TRM 构成,其中 F 个阵元失效,可用的 TRM 的数量可以表示为

$$\text{正常工作 TRM 数量} = N - F \tag{E.1}$$

使用式(E.1), P_{TX} 可表示为

$$P_{TX} = P_E(N - F) \tag{E.2}$$

式中: P_E 为每个 TRM 的发射功率。

类似地,考虑失效 TRM 的影响,可以将 G_{TX} 的表达式修改为

$$G_{TX} = \frac{4\pi A}{\lambda^2} = \frac{4\pi A_E}{\lambda^2}(N - F) \tag{E.3}$$

式中: A_E 代表每个阵元的有效面积。

结合式(E.2)和式(E.3),可以将 AESA 的 ERP 表示为

$$\text{ERP} = P_{TX} G_{TX} = P_E \frac{4\pi A_E}{\lambda^2}(N - F)^2 \tag{E.4}$$

式(E.4)非常有用,将失效 TRM 对 AESA 的 ERP 的影响进行了量化,表明了二者的平方关系: $(N - F)^2$。式(E.4)也可以将 ERP 的损耗表示为失效阵元百分比的形式,即 $100\frac{F}{N}$。这可以直接量化用于 EA 的 AESA 的性能影响,如表 E.1 所列。

表 E.1　AESA 失效阵元对不同用途的系统的性能影响

用途	系统性能影响
雷达	最大探测距离
EA	满足干信比 J/S 的最大 ERP
ESM	接收灵敏度
通信	链路关闭，误码率（BER）

接下来，将 RRE 中的接收信号功率用失效阵元的数量表示。结合式（E.4），RRE 中的反射信号功率可写为

$$S = \frac{\text{ERP}}{4\pi R^2} \cdot \sigma \cdot \frac{1}{4\pi R^2} \frac{\lambda^2 G_{\text{RX}}}{4\pi}$$

$$= \text{ERP} \cdot G_{\text{RX}} \cdot \frac{\sigma \lambda^2}{(4\pi)^3 R^4} \tag{E.5}$$

$$= P_{\text{E}} \left(\frac{4\pi A_{\text{E}}}{\lambda^2} \right)^2 (N-F)^3 \cdot \frac{\sigma \lambda^2}{(4\pi)^3 R^4}$$

式中，$G_{\text{RX}} = G_{\text{TX}}$。

式（E.5）表明，信号性能的下降与失效阵元之间存在三次方关系，即与 $(N-F)^3$ 成正比。

式（E.4）与式（E.5）分别给出了发射与收发应用下的 AESA 信号功率下降与失效阵元的关系。下面将讨论纯接收情况下的影响。首先，分析纯接收情况下的接收信号功率，使用式（E.3）替换 G_{RX}（$G_{\text{RX}} = G_{\text{TX}}$），可得

$$S = \frac{\text{ERP}_{\text{external}}}{4\pi R^2} \frac{\lambda^2 G_{\text{RX}}}{4\pi}$$

$$= \text{ERP}_{\text{external}} \cdot \left(\frac{\lambda}{4\pi R} \right)^2 \cdot G_{\text{RX}} \tag{E.6}$$

$$= \text{ERP}_{\text{external}} \cdot \left(\frac{\lambda}{4\pi R} \right)^2 \cdot \frac{4\pi A_{\text{E}}}{\lambda^2}(N-F)$$

在式（E.6）中，$\text{ERP}_{\text{external}}$ 表示 ERP 不是来自 AESA 自身而是来自环境中的信号。因此，不需要使用式（E.4）修正。式（E.6）表明，对于纯接收应用，信号功率呈线性衰减，即与 $N-F$ 成正比。

结合式（E.4）、式（E.5）和式（E.6），可以总结出失效阵元对 AESA 信号功率的影响。为了便于讨论，首先需要对正常工作 TRM 数量的表达式进行修改：

$$\text{正常工作 TRM 数量} = N - F = N\left(1 - \frac{F}{N}\right) \tag{E.7}$$

附录 E 失效阵元对 AESA 性能的影响

式(E.7)很有用,可以用 $1-\dfrac{F}{N}$ 项表示 AESA 信号功率损失,有

$$\text{AESA 信号功率损失} = \left(1-\dfrac{F}{N}\right)^k \quad (k=1,2\ 或\ 3) \qquad (\text{E.8})$$

表 E.2 中给出了相关总结,并在图 E.1 中进行了说明。

表 E.2 AESA 信号功率损耗与失效阵元数量(F)的关系

应用	AESA 信号功率损耗	k	用途
仅接收	$\left(1-\dfrac{F}{N}\right)^k$	1	ESM、通信
仅发射	$\left(1-\dfrac{F}{N}\right)^k$	2	EA、通信
发射与接收	$\left(1-\dfrac{F}{N}\right)^k$	3	雷达

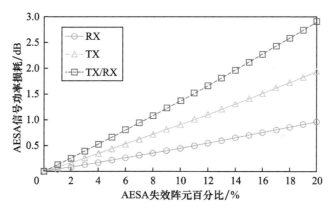

图 E.1 AESA 信号功率损耗与失效阵元百分比的关系曲线

附录 F
AESA 副瓣消隐

在第 5 章中,波束成形器通过使用 180°电桥可以形成 Σ 以及 Δ_{AZ}、Δ_{EL} 阵列波束,用于产生脉冲 AoA。电桥的第四个端口,尽管通常加匹配负载,但可以产生 $\Delta\Delta$ 波束。对于大部分 AESA 视场,这种类型的波束方向图在大部分空间中会高于和波束的副瓣,如图 5.23 和图 5.24 所示,因此可以将其用作辅助输出,有助于抑制有意干扰和无意干扰。

为了实现副瓣消隐,需要一个额外的接收通道。因此,对于具有辅助输出的二维单脉冲 AESA 来说,需要四个通道。将主波束(主波束相当于和波束)和辅助波束送到接收机进行比对[1]。实际设计可以将 AESA 的单个阵元用作辅助通道。与覆盖副瓣区域的主波束相比,阵元具有更宽的全向方向图,如图 F.1 所示。

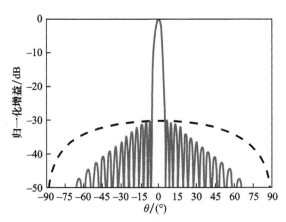

图 F.1　AESA 的单个阵元可用作副瓣消隐的辅助通道。单个阵元的方向图是全向的,并覆盖主波束副瓣。图中给出主阵列和辅助阵元的方位切面($\phi=0°$,$\theta=-90°\sim 90°$)的方向图

一个 900 阵元的 AESA 假定采用 30×30 布局,采用 30dB、nbar = 5 的泰勒加权来降低其副瓣。二维分布的锥削损失约为 1.36dB,使用 AESA 中的一个单独阵元用作辅助通道。图 F.1 给出了主瓣和辅助波束的方位角方向图切面($\phi=$

$0°$,$\theta = -90° \sim 90°$)。图 F.1 中的方向图按照主瓣的峰值进行了归一化,这样做是由于需要比较阵列增益来对比副瓣消隐。为了分析,主瓣的阵列增益可以表示为

$$G_{a_{\text{min}}} = \frac{4\pi A_{\text{main}}}{\lambda^2} \cdot \text{TL} = \frac{4\pi M A_{\text{auxiliary}}}{\lambda^2} \cdot \text{TL} \quad (\text{F}.1)$$

式中:A_{main} 为 AESA 的有效面积;M 为阵元数量;$A_{\text{auxiliary}}$ 为单个阵元的有效面积,TL 为第 2 章和第 5 章中定义的锥削损失。

类似地,可以将单个阵元的阵列增益表达式写为

$$G_{a_{\text{auxiliary}}} = \frac{4\pi A_{\text{auxiliary}}}{\lambda^2} \quad (\text{F}.2)$$

式(F.1)和式(F.2)中的增益之比是不同波束的功率之比,可以表示为

$$\frac{G_{a_{\text{main}}}}{G_{a_{\text{auxiliary}}}} = \frac{\frac{4\pi M A_e}{\lambda^2} \cdot \text{TL}}{\frac{4\pi A_{\text{auxiliary}}}{\lambda^2}} = M \cdot \text{TL} \quad (\text{F}.3)$$

将式(F.3)用 dB 的形式表示为

$$\left[\frac{G_{a_{\text{main}}}}{G_{a_{\text{auxiliary}}}}\right]_{\text{dB}} = 10\lg M - 10\lg(\text{TL}) = M_{\text{dB}} - \text{TL}_{\text{dB}} \quad (\text{F}.4)$$

图 F.1 所示方向图的对数差值约为 28dB($M_{\text{dB}} - \text{TL}_{\text{dB}} = 10\lg900 - 10\lg1.36 \approx 28\text{dB}$)。

图 F.2 中展示了扫描至 50° 时的主波束。辅助阵元不扫描,其方向图保持不变,这为一些功率值高于辅助方向图的干扰提供了进入副瓣(SL)的机会,这可以通过采用更大的锥度来缓解,但以牺牲阵列增益灵敏度为代价。

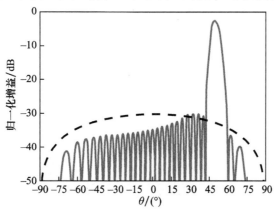

图 F.2　当主波束扫描时,一些较近的副瓣高于辅助阵元的方向图。
由于用作辅助通道的单阵元不进行扫描,副瓣消隐性能随着扫描角度增加会下降

图 F.1 和图 F.2 中给出的方向图未考虑主波束的误差。如第 2 章所述，AESA 存在平均幅度与相位误差，这将会导致副瓣的不规则。图 F.3 和图 F.4 给出了考虑 AESA 误差的主波束和辅助波束，其中 AESA 的幅度误差为 ±2dB，相位误差为 ±3°（由于辅助阵元仅是一个阵元，其方向图不需要考虑幅度和相位误差）。对于存在误差的波束法向指向，主瓣附近的副瓣会有一定恶化。然而，对于存在误差的波束扫描情况，与法向情况相比，超出辅助阵元方向图的副瓣数量大幅增加。同时可以发现，靠近 0° 的副瓣电平更高，波束指向法向时，受阵元方向图影响，合成的副瓣电平较高；同理，主波束外的副瓣区域，受阵元方向图包络调制，副瓣电平变低。以上两点给 AESA 的副瓣消隐带来了挑战。MSA 天线则不存在该问题，因为 MSA 在机械扫描情况下的方向图总是不变的。为了解决 AESA 副瓣消隐难点，可以采用综合解决方案，如最大限度减小 AESA 幅度和相位误差、增加副瓣锥度和/或非自适应或自适应调零，以降低副瓣。

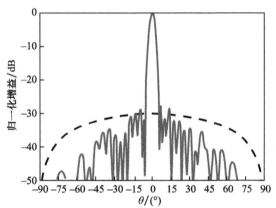

图 F.3　幅度和相位误差会造成 AESA 副瓣抬升，导致法向方向附近的副瓣电平高于辅助阵元的方向图

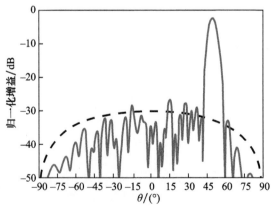

图 F.4　与图 F.3 类似，幅度和相位误差会造成 AESA 副瓣抬升，并且当主波束扫描时会进一步降低副瓣消隐的性能

上面的示例都假设主波束和辅助波束对应的噪声功率是相同的,唯一的差异是两种波束的增益。然而,通常并非如此。上面给出了主波束增益与辅助波束增益的比值,主波束与辅助波束对应 SNR 的比值虽然类似,但需略微修正。为了严格计算出主波束与辅助波束的信号和功率差值,需采用信号电压和噪声电压。然而,最终推导出的表达式可以简化为两种波束 SNR 的对比。

首先,主波束的 SNR 可以表示为

$$\mathrm{SNR}_{\mathrm{main}} = \frac{\mathrm{ERP}_{\mathrm{external}} \lambda^2 G_{a_{\mathrm{main}}} G_{\mathrm{elec}_{\mathrm{main}}}}{(4\pi R)^2} \cdot \frac{1}{kT_{\mathrm{main}} G_{\mathrm{elec}_{\mathrm{main}}} BL} \quad (\mathrm{F.5})$$

$$= \frac{\mathrm{ERP}_{\mathrm{external}} \lambda^2 G_{a_{\mathrm{main}}}}{(4\pi R)^2} \cdot \frac{1}{kT_0 F_{\mathrm{main}} BL}$$

其中,对于雷达,$\mathrm{ERP}_{\mathrm{external}} = \dfrac{P_{a_{\mathrm{min}}} G_{a_{\mathrm{min}}} \sigma}{4\pi R^2}$,对于仅接收情况,$\mathrm{ERP}_{\mathrm{external}} = P_{\mathrm{external}}$ G_{external},G_{elec} 为电路增益。

同样,辅助通道的 SNR 可以表示为

$$\mathrm{SNR}_{\mathrm{auxiliary}} = \frac{\mathrm{ERP}_{\mathrm{external}} \lambda^2 G_{a_{\mathrm{auxiliary}}}}{(4\pi R)^2} \cdot \frac{1}{kT_0 F_{\mathrm{auxiliary}} BL} \quad (\mathrm{F.6})$$

将 SNR 表示为比值形式,可以得到:

$$\frac{\mathrm{SNR}_{\mathrm{main}}}{\mathrm{SNR}_{\mathrm{auxiliary}}} = \frac{\dfrac{\mathrm{ERP}_{\mathrm{external}} \lambda^2 G_{a_{\mathrm{main}}}}{(4\pi R)^2} \cdot \dfrac{1}{kT_0 F_{\mathrm{main}} BL}}{\dfrac{\mathrm{ERP}_{\mathrm{external}} \lambda^2 G_{a_{\mathrm{auxiliary}}}}{(4\pi R)^2} \cdot \dfrac{1}{kT_0 F_{\mathrm{auxiliary}} BL}} \quad (\mathrm{F.7})$$

$$= \frac{G_{a_{\mathrm{main}}}}{G_{a_{\mathrm{auxiliary}}}} \cdot \frac{F_{\mathrm{auxiliary}}}{F_{\mathrm{main}}}$$

式(F.7)揭示了两点值得关注的内容。首先,如前所述,在主波束的主瓣区域,主波束增益远大于辅助波束增益;这意味着 SNR 的比值在 3dB 区域内总是很高且为正值。其次,在主波束的副瓣区域,$G_{a_{\mathrm{main}}}$ 和 $G_{a_{\mathrm{auxiliary}}}$ 的大小相似。然而,由于辅助阵元为单个阵元,其噪声系数($\mathrm{NF}_{\mathrm{auxiliary}}$)会低于主波束噪声系数,因此 SNR 比变小。在数学上可以表述为

$$\frac{\mathrm{SNR}_{\mathrm{main}}}{\mathrm{SNR}_{\mathrm{auxiliary}}} = \frac{G_{a_{\mathrm{main}}}}{G_{a_{\mathrm{auxiliary}}}} \cdot \frac{F_{\mathrm{auxiliary}}}{F_{\mathrm{main}}}$$

$$= \frac{G_{a_{\mathrm{main}}}}{G_{a_{\mathrm{auxiliary}}} \cdot \dfrac{F_{\mathrm{main}}}{F_{\mathrm{auxiliary}}}} \quad (\mathrm{F.8})$$

如文献[1]所述,在主通道和辅助通道之间设置适当的阈值,即使主波束的副瓣功率比辅助方向图略高,也可以将其消隐。这减轻了前面所述的最小化 AESA 幅度和相位误差、增加锥度或自适应调零复杂度的负担。

参考文献

[1] Skolnik, M. I. *Radar Handbook*. McGraw Hill, 1990.

附录 G
外部噪声考虑事项[①]

6.3.2节已推导出 AESA 的输出噪声功率,与 AESA 所处环境的外部噪声温度 $T_{external}$ 有关。在第6章中, $T_{external}$ 表示为 T。在某些情况下,需要将 T 更详细地表示为 $T_{external}$ 的函数。下面考虑地基 AESA 指向天空、搜索空间目标的示例。

假设 AESA 系统透过云层搜寻太空中的目标,用 A、B 和 C 分别表示三个云层,对应的云层损耗分别为 L_A、L_B 和 L_C,其中每项损耗 $L \geqslant 1$。例如,对于 1/2 的损耗,$L=2$。定义了云的损耗之后,可以使用图 G.1 说明表示 TRM 中 LNA 入口的噪声功率。$T_{external}$ 为三个云层之上的噪声温度,T_A、T_B 和 T_C 则表示各云层的噪声温度。由下标 D 表示的最后一个图块代表前置放大器噪声温度和阵元损耗,还包含阵元与 LNA 之间的损耗。此外,为了便于说明,将噪声带宽值假定为 $1 (B=1\text{Hz})$。

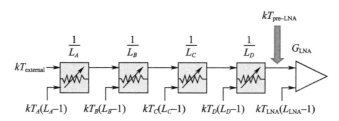

图 G.1　计算 LNA 输入端口等效噪声温度 $kT_{pre\text{-}LNA}$ 的噪声温度模型
(此处假定空中的三个云层位于 AESA 系统和太空之间)

第6章说明了衰减器的输出噪声等于输入噪声,如图 G.2 所示。图 G.2 成立的基础是假定衰减器的输入噪声与其内部噪声相同(对于 AESA 内部的衰减器,这是一个有效的假设)。如果二者的噪声温度不同,则图 G.2 中的噪声模型需要进行修正,如图 G.3 所示。使用该修正后的衰减器噪声模型,可以推导出 AESA 的噪声温度。

---

① 附录 G 内容基于 Bill Hopwood 先生的论述。

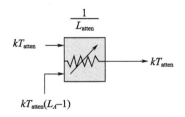

图 G.2 衰减器噪声模型（当外部温度与衰减器温度相同时，噪声输出功率等于噪声输入功率）

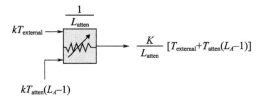

图 G.3 当外部温度与衰减器温度不同时的衰减器噪声模型
（当 $T_{external}=T_{atten}$ 时，输出噪声功率简化为 kT_{atten}，与图 G.2 一致）

如图 G.1 所示，LNA 输入端口的噪声可以表示为

$$N_{pre-LNA} = \frac{kT_{extermal}}{L_A L_B L_C L_D} + \frac{kT_A(L_A-1)}{L_A L_B L_C L_D} + \frac{kT_B(L_B-1)}{L_B L_C L_D} + \\ \frac{kT_C(L_C-1)}{L_C L_D} + \frac{kT_D(L_D-1)}{L_D} \quad (G.1)$$

从式（G.1）可以得出以下推论。首先，如果所有损耗都等于 1，意味着在 LNA 输入端口之前没有损失，则式（G.1）可以简化为

$$N_{pre-LNA} = kT_{external} \quad (G.2)$$

这表明可以将前端 LNA 的噪声简化为 $kT_{external}$。另外，如果除了阵元损耗之外的其他损耗都等于 1（$L_A=L_B=L_C=1$），则式（G.1）可以表示为

$$N_{pre-LNA} = \frac{kT_{external}}{L_D} + \frac{kT_D(L_D-1)}{L_D} = \frac{k}{L_D}[T_{external}+T_D(L_D-1)] \quad (G.3)$$

该结果与图 G.3 中描述的噪声模型相同。如果 $T_{external}=T_D$，则 $N_{pre-LNA}=kT_{external}$。这意味着当大气损耗很小，即 $L≈1$，且阵元温度也为 $T_{external}$ 时，从 LNA 输入端口看的噪声温度就是 $T_{external}$。

最后，通过重新排列式（G.1）中各项，可以推导出等效噪声温度，如下所示：

$$\begin{aligned}
N_{\text{pre-LNA}} &= \frac{kT_{\text{external}}}{L_A L_B L_C L_D} + \frac{kT_A(L_A - 1)}{L_A L_B L_C L_D} + \frac{kT_B(L_B - 1)}{L_B L_C L_D} + \\
&\quad \frac{kT_C(L_C - 1)}{L_C L_D} + \frac{kT_D(L_D - 1)}{L_D} \\
&= \frac{k}{L_A L_B L_C L_D}\big[\, T_{\text{external}} + T_A(L_A - 1) + L_A T_B(L_B - 1) + \\
&\quad L_A L_B T_C(L_C - 1) + L_A L_B L_C T_D(L_D - 1) \,\big] \\
&= \frac{k}{L_A L_B L_C L_D} T_{\text{pre-LNA}}
\end{aligned} \quad (\text{G.4})$$

附录 H
AESA 重要参考公式

H.1 系统级公式

H.1.1 雷达距离方程

发射和接收(雷达)时,有

$$\text{SNR}_{2\text{way}} = \frac{P_{\text{TX}} G_{\text{TX}} A_{\text{RX}} \sigma \lambda^2}{(4\pi)^2 R^4 kTBL} = \frac{P_{\text{TX}} G_{\text{TX}}^2 \sigma \lambda^2}{(4\pi)^3 R^4 kTBL} \tag{H.1}$$

仅接收(ESM/SIGINT,通信)时,有

$$\text{SNR}_{1\text{way}} = \frac{\text{ERP}_{\text{external}} A_{\text{RX}}}{4\pi R^2 kTBL} = \text{ERP}_{\text{external}} G_{\text{RX}} \left(\frac{\lambda}{4\pi R}\right)^2 \frac{1}{kTBL} \tag{H.2}$$

$$\text{ERP}_{\text{external}} = P_{\text{external}} G_{\text{external}} \tag{H.3}$$

仅发射(EA,通信)时,有

$$信号功率密度 = \frac{P_{\text{TX}} G_{\text{TX}}}{4\pi R^2} = \frac{\text{ERP}_{\text{TX}}}{4\pi R^2} \tag{H.4}$$

H.1.2 信号和噪声增益

信号功率可表示为

$$S = G_{\text{array}} G_{\text{electronic}} \tag{H.5}$$

噪声功率可表示为

$$N = kTBG_{\text{electronic}} \tag{H.6}$$

噪声温度可表示为

$$T = T_{\text{external}} + T_0(F - 1) \tag{H.7}$$

$$T\big|_{T_{\text{eternal}} = T_0} = T_0 F \tag{H.8}$$

H.1.3 阵列增益

方向性系数可表示为

$$D = \frac{4\pi A}{\lambda^2} \tag{H.9}$$

阵列增益可表示为

$$G_{\text{array}} = \varepsilon D \quad (\varepsilon \leq 1) \tag{H.10}$$

H.2 AESA 理论

H.2.1 一维方向图

定义：
(1) F = 方向图；
(2) EP = 阵元方向图；
(3) AF = 阵因子。

H.2.1.1 移相器和时延控制

假定 M 个阵元的阵元方向图相同，a_m 是用于控制副瓣的幅度加权。

(1) 方向图乘积：

$$F = EP \cdot AF \tag{H.11}$$

(2) 移相器控制：

$$F(\theta) = \cos^{\frac{EF}{2}}\theta \cdot \sum_{m=1}^{M} a_m e^{j\left(\frac{2\pi}{\lambda}x_m\sin\theta - \frac{2\pi}{\lambda_0}x_m\sin\theta_0\right)} \tag{H.12}$$

(3) 延时控制：

$$F(\theta) = \cos^{\frac{EF}{2}}\theta \cdot \sum_{m=1}^{M} a_m e^{j\frac{2\pi}{\lambda}x_m(\sin\theta - \sin\theta_0)} \tag{H.13}$$

H.2.1.2 通用表达式

不再假定 M 个阵元的阵元方向图相同，方向图乘法不再适用，则

$$F(\theta) = \sum_{m=1}^{M} a_m \text{EP}_m(\theta) \cdot e^{j\left(\frac{2\pi}{\lambda}x_m\sin\theta - \frac{2\pi}{\lambda_0}x_m\sin\theta_0\right)} \tag{H.14}$$

H.2.1.3 共形阵列

方向图可表示为

$$F(\boldsymbol{r}) = \sum_{m=1}^{M} a_m (\hat{\boldsymbol{n}} \cdot \hat{\boldsymbol{r}})^{\frac{EF}{2}} e^{jk\boldsymbol{r}_l \cdot \hat{\boldsymbol{r}}} e^{-jk_0\boldsymbol{r}_l \cdot \hat{\boldsymbol{r}}_0} \tag{H.15}$$

H.2.1.4 AF 另外一种表达式

AF 可表示为

$$AF = \frac{\sin\left[M\pi d\left(\dfrac{\sin\theta_0}{\lambda_0} - \dfrac{\sin\theta}{\lambda}\right)\right]}{\sin\left[\pi d\left(\dfrac{\sin\theta_0}{\lambda_0} - \dfrac{\sin\theta}{\lambda}\right)\right]} \tag{H.16}$$

H.2.2 二维方向图

假定每个阵元的阵元方向图都相同，且 AESA 为平面阵（阵元位于 xOy 平面）。

矩形栅格排布情况：

$$F(\theta,\phi) = \cos^{\frac{EF}{2}}\theta \sum_{m=1}^{M} a_m e^{j\Phi_m}$$

$$\Phi_m = e^{j\left[\left(\frac{2\pi}{\lambda}x_m\sin\theta\cos\phi + \frac{2\pi}{\lambda}y_m\sin\theta\sin\phi\right) - \left(\frac{2\pi}{\lambda_0}x_m\sin\theta_0\cos\phi_0 + \frac{2\pi}{\lambda_0}y_m\sin\theta_0\sin\phi_0\right)\right]} \tag{H.17}$$

圆形栅格排布情况：

$$F(\theta,\phi) = \cos^{\frac{EF}{2}}\theta \cdot \sum_{k=1}^{K}\sum_{p_k=1}^{P_k} c_{k,p_k} e^{j\left[\left(\frac{2\pi}{\lambda}x_{k,p_k}u + \frac{2\pi}{\lambda}y_{k,p_k}v\right) - \left(\frac{2\pi}{\lambda_0}x_{k,p_k}u_0 + \frac{2\pi}{\lambda_0}y_{k,p_k}v_0\right)\right]} \tag{H.18}$$

H.2.3 波束宽度

k 是波束宽度因子，对于均匀分布（$a_m = 1, m = 1, 2, \cdots, M$），$\theta_{BW_{3dB}} = 0.886$，$\theta_{BW_{4dB}} = 1$，有

$$\theta_{BW} = \frac{k\lambda}{L\cos\theta_0} \tag{H.19}$$

H.2.4 瞬时带宽（IBW）

k 与式（H.19）中使用的变量相同：

$$IBW = \frac{kc}{L\sin\theta_0} \tag{H.20}$$

H.2.5 栅瓣

栅瓣位置：

$$\sin\theta_{GL} = \frac{\lambda}{\lambda_0}\sin\theta_0 \pm P\frac{\lambda}{d} \quad (P = 0, 1, 2, \cdots) \tag{H.21}$$

扫描无栅瓣时的最大阵元间距 d：

$$d = \frac{\lambda}{1 + \sin\theta_0} \tag{H.22}$$

H.2.6　AESA 误差

使用 N 位移相器量化：

$$\text{LSB} = \frac{360°}{2^N} \tag{H.23}$$

N 位量化对应的 $\text{SLL}_{\text{average}}$ 和 SLL_{peak}：

$$\text{SLL}_{\text{average}} = \frac{1}{3n_{\text{elem}}\varepsilon} \frac{\pi^2}{2^{2N}} \tag{H.24}$$

$$\text{SLL}_{\text{peak}} = \frac{1}{2^{2N}}$$

随机幅度和相位误差导致的 $\text{SLL}_{\text{average}}$：

$$\text{SLL}_{\text{average}} = \frac{\pi^{\frac{1}{2}} \overline{\varepsilon^2}}{D^{\frac{1}{2}} P} \tag{H.25}$$

式中：$\overline{\varepsilon^2}$ 为误差方差；D 为方向性系数；P 为阵元正常工作的概率。

H.2.7　坐标系变换

	给定天线坐标系角度 θ_z 和 ϕ	
雷达坐标系角度	θ_{AZ}	$\arctan\left(\dfrac{\sin\theta_z \cos\phi}{\cos\theta_z}\right)$
	θ_{EL}	$\arcsin(\sin\theta_z \sin\phi)$
天线锥角坐标系角度	θ_A	$\arcsin(\sin\theta_z \cos\phi)$
	θ_E	$\arcsin(\sin\theta_z \sin\phi)$

	给定雷达坐标系角度 θ_{AZ} 和 θ_{EL}	
天线坐标系角度	θ_z	$\arccos(\cos\theta_{\text{AZ}} \cos\theta_{\text{EL}})$
	ϕ	$\arctan\left(\dfrac{\sin\theta_{\text{EL}}}{\sin\theta_{\text{AZ}} \cos\theta_{\text{EL}}}\right)$
天线锥角坐标系角度	θ_A	$\arcsin(\sin\theta_{\text{AZ}} \cos\theta_{\text{EL}})$
	θ_E	θ_{EL}

	给定天线锥角坐标系角度 θ_A 和 θ_E	
天线坐标系角度	θ_z	$\arcsin(\sqrt{\sin^2\theta_A - \sin^2\theta_E})$
	ϕ	$\arctan\left(\dfrac{\sin\theta_E}{\sin\theta_A}\right)$

续表

雷达坐标系角度	θ_{AZ}	$\arcsin\left(\dfrac{\sin\theta_A}{\sin\theta_E}\right)$
	θ_{EL}	θ_E

H.2.8 正弦空间

正弦空间可表示为

$$u = \sin\theta_z\cos\phi \tag{H.26}$$

$$v = \sin\theta_z\sin\phi \tag{H.27}$$

$$w = \cos\theta_z \tag{H.28}$$

正弦空间	由角度坐标系变换为正弦空间坐标系		
	天线坐标系 (θ_z,ϕ)	雷达坐标系 $(\theta_{AZ},\theta_{EL})$	天线锥角坐标系 (θ_A,θ_E)
u	$\sin\theta_z\cos\phi$	$\sin\theta_{AZ}\cos\theta_{EL}$	$\sin\theta_A$
v	$\sin\theta_z\sin\phi$	$\sin\theta_{EL}$	$\sin\theta_E$
w	$\cos\theta_z$	$\cos\theta_{AZ}\cos\theta_{EL}$	$\cos\left[\arcsin\left(\dfrac{\sin\theta_A}{\cos\theta_E}\right)\right]\cos\theta_E$

H.2.9 横滚、俯仰和偏航公式

$$\text{横滚}: \mathbf{R} = \begin{vmatrix} \cos\theta_R & -\sin\theta_R & 0 \\ \sin\theta_R & \cos\theta_R & 0 \\ 0 & 0 & 1 \end{vmatrix}$$

$$\text{俯仰}: \mathbf{P} = \begin{vmatrix} 1 & 0 & 0 \\ 0 & \cos\theta_P & \sin\theta_P \\ 0 & -\sin\theta_P & \cos\theta_P \end{vmatrix} \tag{H.29}$$

$$\text{偏航}: \mathbf{Y} = \begin{vmatrix} \cos\theta_Y & 0 & -\sin\theta_Y \\ 0 & 1 & 0 \\ \sin\theta_Y & 0 & \cos\theta_Y \end{vmatrix}$$

H.2.10 综合增益

$$G(\theta,\phi) = \dfrac{4\pi U(\theta,\phi)}{\displaystyle\int_{\phi=0}^{2\pi}\int_{\theta=0}^{\pi} U(\theta,\phi)\sin\theta\,\mathrm{d}\theta\,\mathrm{d}\phi} \tag{H.30}$$

式中：U 为辐射强度。

分析时，首先计算 AESA 方向图，然后结合式（H.30）可以计算得出不同 θ 和 ϕ 下的增益。相关计算的 Matlab 代码请参阅文献[1]。

H.3 阵列天线单元

H.3.1 相对带宽

$$\mathrm{BW}_{\mathrm{frac}} = \frac{f_{\max} - f_{\min}}{f_{\mathrm{center}}} \tag{H.31}$$

H.3.2 极化

线极化：

$$\Delta\phi = \phi_y - \phi_x = \pm n\phi \quad (n = 0,1,2,\cdots) \tag{H.32}$$

倾角：

$$\tau = \arctan\frac{E_y}{E_x} \tag{H.33}$$

圆极化：

$$\Delta\phi = \phi_y - \phi_x = \begin{cases} \left(\dfrac{1}{2} + 2n\right)\pi & (n = 0,1,2,\cdots,\mathrm{RHCP}) \\ -\left(\dfrac{1}{2} + 2n\right)\pi & (n = 0,1,2,\cdots,\mathrm{LHCP}) \end{cases} \tag{H.34}$$

沿传播方向使用右手螺旋定则，RHCP 为顺时针方向，LHCP 为逆时针方向。

椭圆极化：

$$E_x \neq E_y, \quad \Delta\phi = \phi_y - \phi_x = \begin{cases} \left(\dfrac{1}{2} + 2n\right)\pi & (n = 0,1,2,\cdots,\mathrm{RHEP}) \\ -\left(\dfrac{1}{2} + 2n\right)\pi & (n = 0,1,2,\cdots,\mathrm{LHEP}) \end{cases} \tag{H.35}$$

或

$$E_x = E_y, \quad \Delta\phi = \phi_y - \phi_x \neq \pm\frac{n}{2}\pi \begin{cases} > 0 & (n = 0,1,2,\cdots,\mathrm{RHEP}) \\ < 0 & (n = 0,1,2,\cdots,\mathrm{LHEP}) \end{cases} \tag{H.36}$$

其中，RHEP 和 LHEP 分别代表右旋椭圆极化和左旋椭圆极化。

轴比：

$$|AR| = \frac{\text{长轴长度}}{\text{短轴长度}} = \frac{OA}{OB} \geq 1 \tag{H.37}$$

H.3.3 有源匹配

$$\Gamma_m(f,\theta_0) = \frac{V_m^-}{V_m^+} = \sum_{n=1}^{N} \frac{a_n}{a_m} S_{mn} e^{j\frac{2\pi}{\lambda}(m-n)d\sin\theta_0} \quad (m=1,2,\cdots,M) \tag{H.38}$$

式(H.38)适用于一维线性阵列。通过式(H.17)可计算出二维情况下的类似表达式。

H.3.4 扫描增益损失

假设阵元方向图采用升余弦函数建模,其幂次称为阵元因子(EF),则扫描增益损失为

$$\begin{aligned}\text{扫描增益损失} &= -10\lg(\cos^{\text{EF}}\theta) \quad (\text{dB}) \\ &= -\text{EF}\cdot 10\lg(\cos^{\text{EF}}\theta) \quad (\text{dB})\end{aligned} \tag{H.39}$$

H.4 收发组件

H.4.1 放大器表达式

效率:

$$\eta = \frac{P_{\text{out}}}{P_{DC}} \tag{H.40}$$

功率附加效率(PAE):

$$\text{PAE} = \frac{P_{\text{out}} - P_{\text{in}}}{P_{DC}} = \left(1 - \frac{1}{G}\right)\eta \tag{H.41}$$

输出 $P_{1\text{dB}}$(1dB 压缩点):

$$\text{OP}_{1\text{dB}} = \text{IP}_{\text{dB}} + G - 1\text{dB} \tag{H.42}$$

幂级数输出电压响应:

$$V_{\text{out}} = a_0 + a_1 V_{\text{in}} + a_2 V_{\text{in}}^2 + a_3 V_{\text{in}}^3 + \cdots + a_n V_{\text{in}}^n \tag{H.43}$$

n 阶输出截点:

$$\text{OIP}_n = \frac{1}{1-n} P_{o_n} - \frac{n}{1-n} P_{o_1} \tag{H.44}$$

$n=1$ 时 OIP_n 表示线性输出功率,其中 $P_{o_1} = G_{\text{dB}} + P_{\text{in}}$。

H.4.2 可靠性

基于二项式累积分布函数的阵元失效概率:

附录 H　AESA 重要参考公式

$$P(成功次数 \leqslant F) = \sum_{i=0}^{F} \frac{M!}{i!(M-i)!} P^i (1-P)^{M-i} \quad (\text{H}.45)$$

式中：P 为阵元失效概率；M 为 AESA 的阵元总数。

平均无故障时间（MTBF）：

$$\text{MTBF}_{\text{AESA}} = \frac{1}{\lambda_E} \sum_{i=0}^{F} \frac{1}{M-i} \approx \frac{1}{\lambda_E} \frac{F}{M} = \text{MTBF}_E \frac{F}{M} \quad (\text{H}.46)$$

式中：λ_E 为阵元故障率。

可用性：

$$可用性 = \frac{\text{MTBF}_{\text{AESA}}}{\text{MTBF}_{\text{AESA}} + \text{MTTR}_{\text{AESA}}} \quad (\text{H}.47)$$

式中：MTTR 为平均维修时间。

H.5　波束成形器

H.5.1　通用波束成形器表达式

波束成形器中总共包含的功分器的数量：

$$功分器的数量 = \log_2 M = \frac{\lg M}{\lg 2} \quad (\text{H}.48)$$

式中：M 为 AESA 中的阵元总数。

均匀无损波束成形器的电压权值：

$$\alpha_m = \frac{1}{\sqrt{M}} \quad (\text{H}.49)$$

锥削损耗，仅限于波束成形器：

$$\text{TL} = \frac{1}{M} \frac{\left| \sum_{m=1}^{M} \alpha_m \right|^2}{\sum_{m=1}^{M} |\alpha_m|^2} \quad (\text{H}.50)$$

锥削损耗，分布在 TRM 和波束成形器之间：

$$\text{TL} = \frac{1}{M} \frac{\left| \sum_{m=1}^{M} \beta_m \alpha_m \right|^2}{\sum_{m=1}^{M} |\beta_m \alpha_m|^2} \quad (\text{H}.51)$$

式中：β_m 为 TRM 中衰减器的权重。

H.5.2 波束损坏

仅相位加权：

$$\beta_{\text{spoil}_{m_{\text{phase only}}}} = e^{j\left[\left(m-\frac{M+1}{2}\right)\frac{2\Psi\sqrt{\pi}}{M-1}\right]^2} \tag{H.52}$$

式中：Ψ 为波束损坏因子。

使用二次相位的一维方向图，有

$$F(\theta) = \cos^{\frac{EF}{2}}\theta \cdot \sum_{m=1}^{M} \beta_{\text{spoil}_{m_{\text{phase only}}}} e^{j\left(\frac{2\pi}{\lambda}x_m\sin\theta - \frac{2\pi}{\lambda_0}x_m\sin\theta_0\right)} \tag{H.53}$$

H.5.3 单脉冲 AoA

三通道单脉冲的 S 比值（用于确定 AoA 的测量幅度比值）：

$$\begin{cases} S_{\Delta_{\text{AZ}}} = \dfrac{\Delta_{\text{AZ}}}{\Sigma} = -j\tan\left(\dfrac{L_x}{4}k\Delta u\right) \\ S_{\Delta_{\text{EL}}} = \dfrac{\Delta_{\text{EL}}}{\Sigma} = j\tan\left(\dfrac{L_y}{4}k\Delta v\right) \end{cases} \tag{H.54}$$

式中：L 为 x 方向或 y 方向的口径长度。

双通道单脉冲的 S 比值（用于确定 AoA 的测量幅度和相位）：

$$S_R = \frac{\Delta_R}{\Sigma} = |S_R|e^{j\Phi_R} \tag{H.55}$$

H.6 AESA 级联性能

H.6.1 基本表达式

输入信号和噪声：

$$\begin{cases} S_{\text{in}_m} = \dfrac{\text{ERP}}{4\pi R^2} \cdot A_e \cdot L_{\text{array element}} \\ \quad\quad = \dfrac{\text{ERP}}{4\pi R^2} \cdot \dfrac{\lambda^2 D_e \cos^{EF}(\theta)}{4\pi} \cdot L_{\text{array element}} \\ N_{\text{in}_m} = kTB \cdot L_{\text{array element}} \end{cases} \tag{H.56}$$

式中：$L_{\text{array element}}$ 为阵元的损耗，包括天线罩损耗、失配损耗以及欧姆损耗；D_e 为阵元的方向性系数。

噪声因子：

$$F = \frac{\text{SNR}_{\text{in}}}{\text{SNR}_{\text{out}}} = \frac{S_{\text{in}}}{S_{\text{out}}} \cdot \frac{N_{\text{out}}}{N_{\text{in}}} \quad (\text{H.57})$$

非线性器件输出噪声功率：

$$N_{\text{out}} = kTBG_a F_a \quad (\text{H.58})$$

阻性器件噪声系数：

$$F = \frac{1}{\beta^2} \quad (\text{H.59})$$

级联增益、噪声因子和噪声温度：

$$\begin{cases} G_{a_{\text{cascasde}}} = G_{a_1} \cdots G_{a_N} \\ F_{\text{cascade}} = \left(F_1 + \dfrac{F_2 - 1}{G_{a_1}} + \cdots + \dfrac{F_N - 1}{G_{a_1} \cdots G_{a_{N-1}}} \right) \\ T_{\text{cascade}} = TF_{\text{cascade}} \\ \quad = T \left(F_1 + \dfrac{F_2 - 1}{G_{a_1}} + \cdots + \dfrac{F_N - 1}{G_{a_1} \cdots G_{a_{N-1}}} \right) \end{cases} \quad (\text{H.60})$$

H.6.2　AESA 级联表达式

AESA 输出信号功率：

$$S_{\text{out}_{\text{AESA}}} = G_{a_m} S_{\text{in}_m} \left| \sum_{m=1}^{M} \alpha_m \beta_m \right|^2 \quad (\text{H.61})$$

AESA 输出噪声功率：

$$N_{\text{out}_{\text{AESA}}} = kTB \sum_{m=1}^{M} \alpha_m^2 \beta_m^2 G_{a_m} \left(F_m + \frac{\dfrac{1}{\beta_m^2} - 1}{G_{a_m}} \right) \quad (\text{H.62})$$

AESA 噪声因子：

$$F_{\text{AESA}} = \frac{\dfrac{S_{\text{in}}}{N_{\text{in}}}}{\dfrac{N_{\text{out}}}{N_{\text{in}}}} = \frac{S_{\text{in}}}{S_{\text{out}}} \cdot \frac{N_{\text{out}}}{N_{\text{in}}}$$

$$= \frac{1}{M \cdot \text{TL}} \left(F_m + \frac{\dfrac{\sum_{m=1}^{M} \alpha_m^2}{\sum_{m=1}^{M} \alpha_m^2 \beta_m^2} - 1}{G_{a_m}} \right) \quad (\text{H.63})$$

AESA 的 n 阶截取点：

$$\mathrm{ip}_{n_{\mathrm{ABSA}}} = \left(\frac{\left| \sum_{m=1}^{M} \sqrt{\mathrm{ip}_{n_{\mathrm{amplifier}}}^{1-n}} \alpha_m \beta_m^n \right|^2}{\left| \sum_{m=1}^{M} \alpha_m \beta_m \right|^{2n}} \right)^{\frac{1}{1-n}} \quad (\text{H.}64)$$

AESA 无杂散动态范围：

$$\mathrm{SFDR}_{\mathrm{AESA}} = \frac{n-1}{n} \left[\left(\frac{\left| \sum_{m=1}^{M} \sqrt{\mathrm{ip}_{n_{\mathrm{amplifier}}}^{1-n}} \alpha_m \beta_m^n \right|^2}{\left| \sum_{m=1}^{M} \alpha_m \beta_m \right|^{2n}} \right)^{\frac{1}{1-n}} - kTB \sum_{m=1}^{M} \alpha_m^2 \beta_m^2 G_{a_m} \left(F_m + \frac{\frac{1}{\beta_m^2} - 1}{G_{a_m}} \right) \right] \quad (\text{H.}65)$$

H.7 自适应波束成形

自适应波束成形权重：

$$\boldsymbol{w}_{\mathrm{optimum}} = k \boldsymbol{R}^{-1} \boldsymbol{v}(\theta_0) \quad (\text{H.}66)$$

式中：k 为任意常数，可设为 1。

它对信号、噪声以及干扰进行同比例缩放，不影响 SINR（信号与噪声和干扰之比）。

协方差矩阵：

$$\boldsymbol{R} = E[\boldsymbol{x}\boldsymbol{x}^{\mathrm{H}}] = |S|^2 \boldsymbol{v}(\theta_S) \boldsymbol{v}^{\mathrm{H}}(\theta_S) + \sum_{k=1}^{K} |a_k|^2 \boldsymbol{v}(\theta_k) \boldsymbol{v}^{\mathrm{H}}(\theta_k) + \sigma_n^2 \boldsymbol{I} \quad (\text{H.}67)$$

导向矢量：

$$\boldsymbol{v}(\theta) = \begin{bmatrix} 1 & e^{j\frac{2\pi}{\lambda}d\sin\theta} & \cdots & e^{j\frac{2\pi}{\lambda}(M-1)d\sin\theta} \end{bmatrix}^{\mathrm{T}} \quad (\text{H.}68)$$

参考文献

[1] Brown, A. D. *Electronically Scanned Arrays: MATLAB® Modeling and Simulation*. CRC Press, 2012.

内 容 简 介

Active Electronically Scanned Arrays:Fundamentals and Applications 一书是国外天线技术领域前沿专著,原书作者 Arik D. Brown 为有源电扫阵列系统架构师,从事相关研究工作 20 多年,对相控阵系统具有深刻的理解。全书共 7 章,系统介绍了有源电扫阵列基本原理、概念、系统构成和工程应用,主要内容包括有源电扫阵列技术发展、基本工作原理、天线阵列设计、收发组件设计、系统架构设计、射频链路设计、波束成形方法等。本书内容有助于读者理解有源电扫阵列关键技术、系统构成、关键参数和常用架构,具有结构严谨、内容全面等特点。同时,本书提供了业界最新的工程解决方案,将理论概念与案例分析相结合,深入浅出,实用性强。

本书有助于进一步提升科研人员的基础理论水平和产品开发水平,对微波射频和天线等技术领域的研究和工程实践具有重要意义。本书可供从事通信、雷达等领域工作的工程技术人员和研究人员学习、参考。

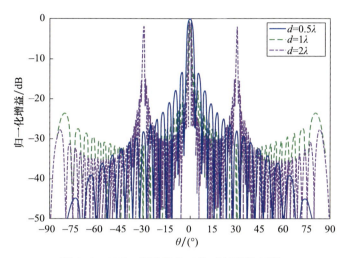

图 2.6 AESA 栅瓣是关于阵元间距的函数，
可通过优化阵元间距抑制副瓣改善性能

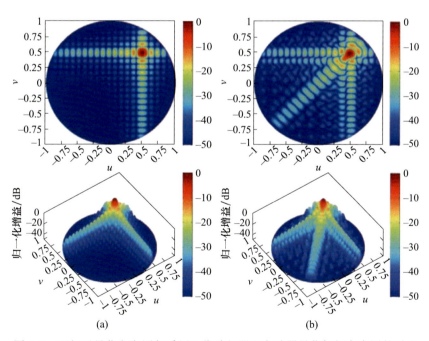

图 2.8 理想无量化方向图与采用 2 位移相器和衰减器量化加权方向图的对比
（量化位数不足会造成副瓣抬升）
（a）理想无量化方向图；（b）2 位移相器量化加权方向图。

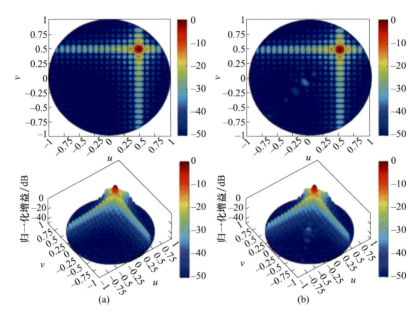

图 2.9 理想无量化方向图与采用 6 位移相器和衰减器量化加权方向图的对比
(a)理想方向图;(b)6 位移相器量化。

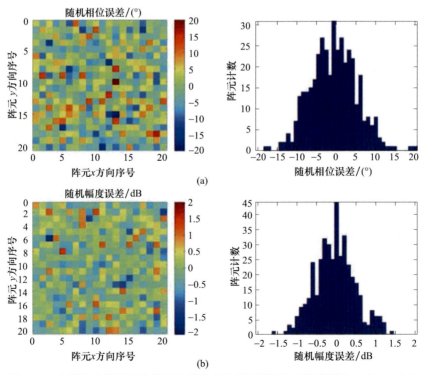

图 2.10 高斯分布随机相位误差和随机幅度误差图(标准差分别为 6°和 0.5dB)
(a)随机相位误差;(b)随机幅度误差。

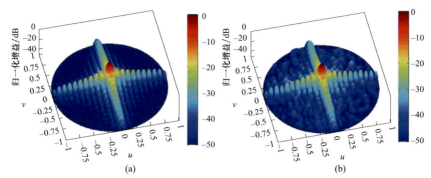

图 2.11 按图 2.10 随机相位误差和幅度误差分布对应的方向图与理想方向图的对比
（a）无误差理想情况下的方向图；（b）存在随机相位误差和幅度误差的方向图。

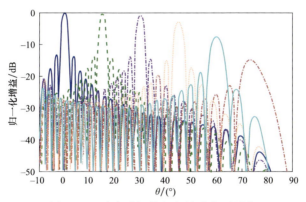

图 2.21 波束随扫描角度的增大而展宽

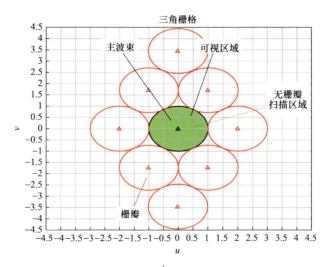

图 2.41 阵元间距 $d_x = d_y = \dfrac{\lambda}{1.866}$ 的三角栅格阵列对应方位与俯仰切面最大 60°扫描的无栅瓣扫描区域

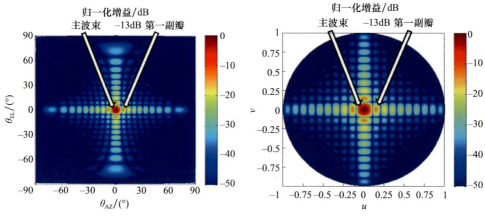

图 2.42 雷达坐标系中的视轴天线方向图(无电扫描)

图 2.43 正弦坐标系中的视轴天线方向图(无电扫描)

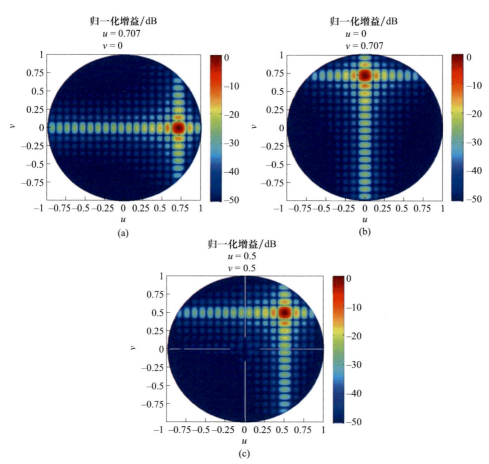

图 2.44 主切面和对角切面的电扫描天线方向图
(a)方位扫描;(b)俯仰扫描;(c)对角切面扫描。

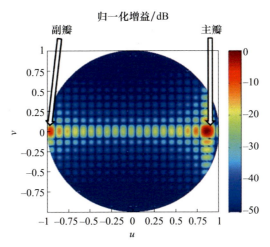

图 2.45 电扫角度大于 60° 时会完整地出现栅瓣

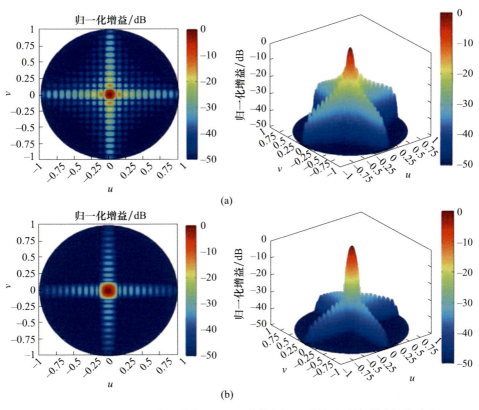

图 2.46 阵列在幅度均匀分布和 30dB 泰勒加权两种情况下的副瓣电平对比
(a) 均匀加权；(b) 30dB 泰勒加权。

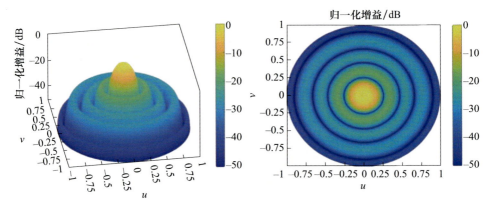

图 2.48　图 2.47 中圆形栅格对应的二维方向图，其副瓣呈环形分布，第一副瓣低于相同口径矩形栅格 AESA

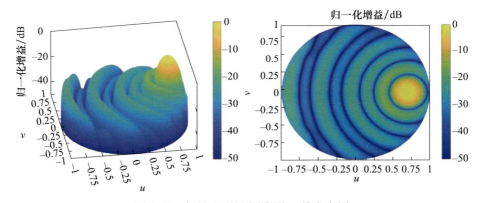

图 2.50　扫描 60°的圆形栅格二维方向图

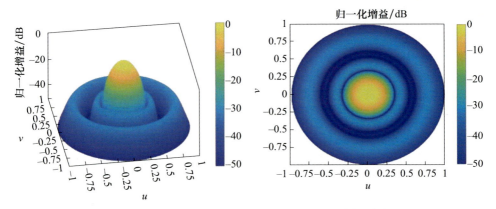

图 2.52　与矩形栅格布局类似，采用幅度加权可以降低副瓣电平。该示例对图 2.47 阵列采用泰勒加权，权值从最内环到最外环依次降低

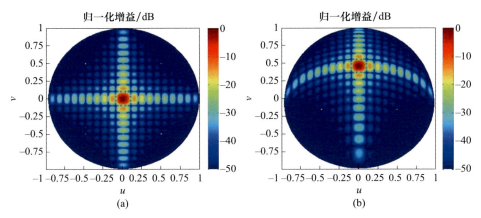

图 2.57 AESA 的方向图受俯仰的影响
（a）无俯仰；（b）30°俯仰。

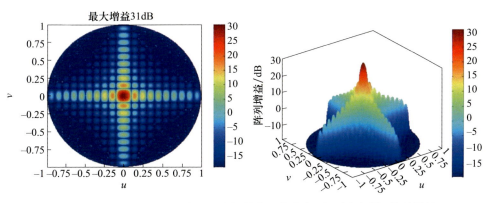

图 2.58 图 2.43 所示正弦空间中的轴向天线方向图（无电扫描）的总增益

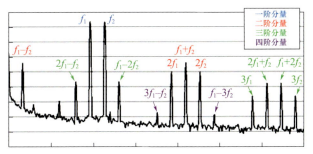

图 4.12 双音输入放大器会产生谐波和互调。这种输入条件对于宽带系统可能
非常具有挑战性。因此，TRM 须经过充分测试，以确保非线性产物相
对于基频信号的输入电平足够低

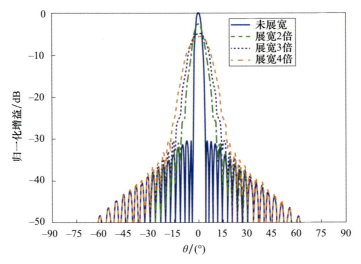

图 5.19 使用二次相位加权进行 2 倍、3 倍、4 倍波束展宽

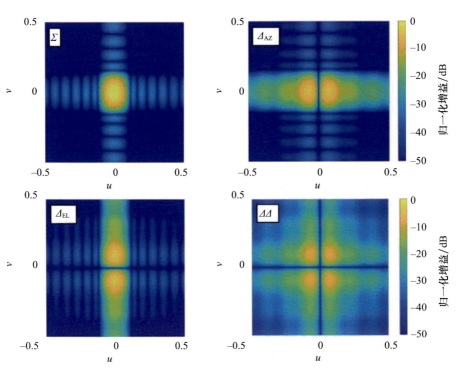

图 5.23 单脉冲波束成形器（图 5.22）形成的和波束、
方位差波束、俯仰差波束和双差波束的方向图

彩 8

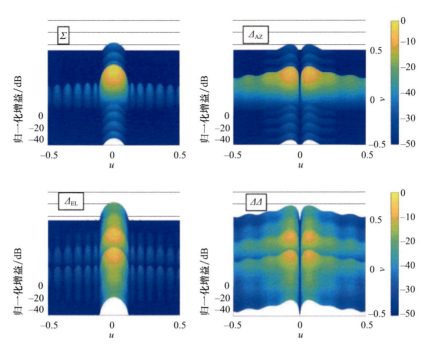

图 5.24　图 5.23 所示的三通道单脉冲波束方向图的等轴视图

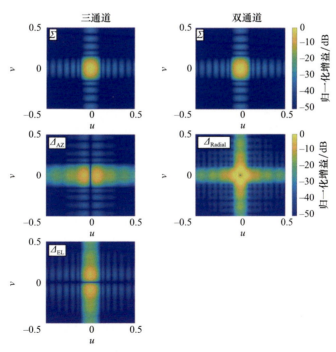

图 5.26　三通道和双通道采用比幅原理测量 AoA。而双通道方法，也称为径向单脉冲，要求同时采用比幅和比相才能测量出 AoA

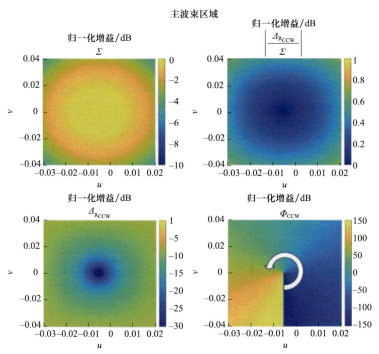

图 5.28 和波束和 CCW 径向差波束及两者的幅度和相位比值，AoA 可由幅度和相位唯一确定

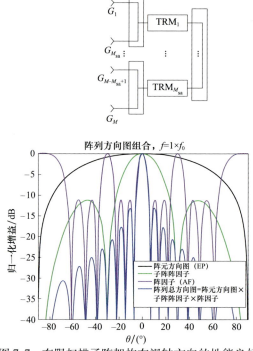

图 7.7 有限扫描子阵架构在视轴方向的性能良好

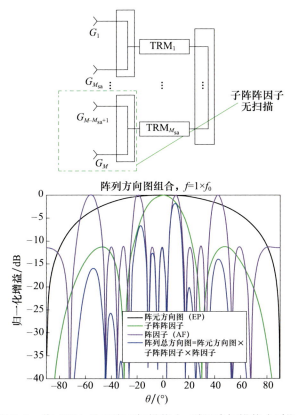

图 7.8 若 AESA 的子阵无扫描能力,则整阵扫描能力受限

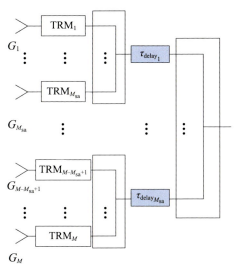

图 7.9 通过 TRM 为子阵阵元增加移相器使子阵扫描消除有限扫描 SA 架构的扫描限制

彩 11

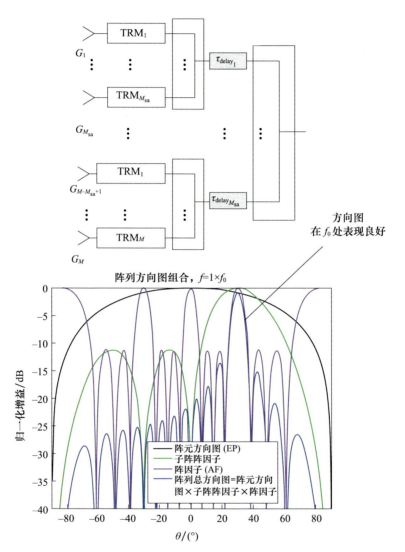

图 7.10 在指定的频率下,子阵架构方向图表现良好

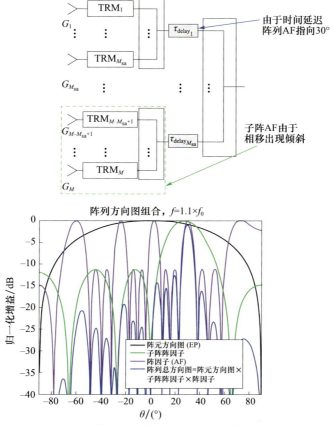

图 7.11 子阵架构的 IBW 受限于失谐频率处的 SA 方向图的大小。后端波束成形的阵因子与子阵阵因子方向图相乘后,副瓣电平抬升

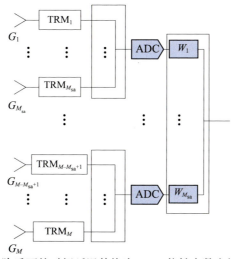

图 7.12 将每个子阵后面的时间延迟替换为 ADC,能够在数字域形成多个同时波束

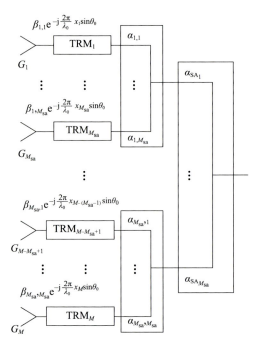

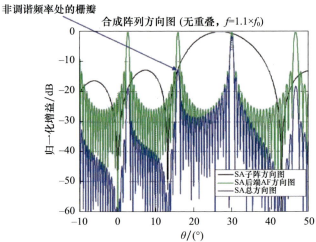

图 7.16 对于非重叠子阵架构,后端阵因子导致的栅瓣会造成整阵方向图副瓣抬升

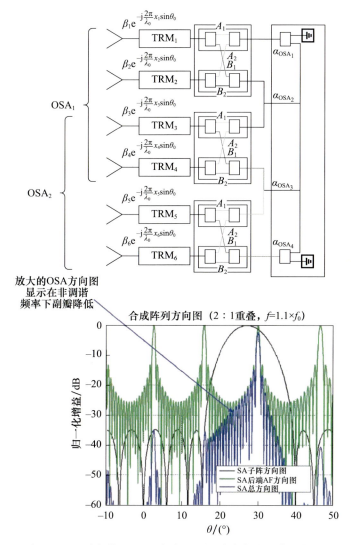

图 7.17 采用重叠子阵架构后的子阵阵因子的波束宽度变窄,同时对副瓣加权将后端阵因子 AF 的影响降至最小,整阵性能即使在失调频率下也表现优越

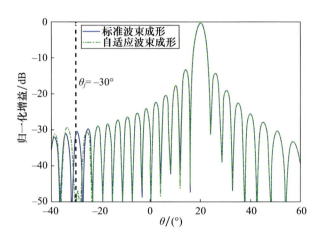

图 7.22 自适应波束成形响应在 30°角度生成零陷抑制干扰

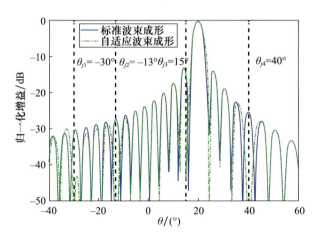

图 7.23 自适应波束成形响应抑制 4 个干扰,证明了其健壮性